Elaboração e controle de Cronogramas

Inclui conceitos de Lean (Last Planner System), elaboração de cronogramas Linhas de Balanço, Elaboração de cronogramas com MS Project e Introdução ao BIM-4D

Elaboração e controle de Cronogramas

Inclui conceitos de Lean (Last Planner System), elaboração de cronogramas Linhas de Balanço, Elaboração de cronogramas com MS Project e Introdução ao BIM-4D

ISBN: 9798332167720

Autor: M. Sc. Heron Santos – PMP, PMI-SP, MCTS

Email: contato@heronsantos.com.br

ÍNDICE

1 APRESENTAÇÃO 1
2 SOBRE O AUTOR 2
3 INTRODUÇÃO 3
4 FUNDAMENTOS DE GERÊNCIA DE PROJETOS E LEAN 5
4.1 O que é um projeto? 5
4.2 O que é gerenciamento de projetos? 6
4.3 A tríplice restrição em gerenciamento de projetos 7
4.4 Conceitos e definições do Lean 9
4.5 Last Planner System 11
4.6 O planejamento em projetos 14
4.7 O controle em projetos 14
5 ELABORAÇÃO DE CRONOGRAMAS DE LONGO PRAZO EM LINHAS DE BALANÇO 15
5.1 Definição 15
5.2 Elaborando um cronograma em linhas de balanço em Excel 16
    5.2.1 Passo 1 – Divisão dos espaços de trabalho 16
    5.2.2 Passo 2 – Definição dos Serviços a Serem Trabalhados 18
    5.2.3 Passo 3 – Desenho das Linhas de Balanço – De baixo para cima 19
    5.2.4 Passo 4 – Desenho das Linhas de Balanço – De cima para baixo (inversão da produção) 20
    5.2.5 Passo 4 – Ajustes nas Linhas de Balanço 21
5.3 Vantagens da utilização da Linha de Balanço 22
5.4 ferramentas (softwares) para elaboração da Linha de Balanço 22
6 ELABORAÇÃO DE CRONOGRAMAS DE MÉDIO PRAZO COM UTILIZAÇÃO DO MS PROJECT 24
6.1 Definição 24
6.2 Conhecendo o MS Project 25
    6.2.1 Visão Geral 25
    6.2.2 Guias de Menus 26
    6.2.3 Principais Visões 26
    6.2.4 O Gráfico de Gantt 27
    6.2.5 Planilha de recursos 27
    6.2.6 O Gráfico de recursos 27
    6.2.7 A Planilha de Uso do Recurso 27
    6.2.8 A Planilha de Uso da Tarefa: 27
    6.2.9 O Diagrama de Rede 28
6.3 Iniciando com o MS Project 28
    6.3.1 Criando um novo arquivo de projetos 28
    6.3.2 Configuração inicial do MS Project 28

6.3.3	Calendários do projeto	29
6.3.4	Alterando o calendário das atividades	32
6.3.5	Informações iniciais do projeto	33

7 CRIANDO O CRONOGRAMA DE MÉDIO PRAZO COM O MS PROJECT 35

7.1	**Criando a Estrutura Analítica do projeto**	**35**
7.2	**Registrando as atividades**	**39**
7.2.1	Propriedade das atividades	40
7.3	**duração das atividades**	**41**
7.3.1	Prazos diferentes para atividades com mesma duração	42
7.4	**Sequenciamento das atividades**	**44**
7.4.1	Ligações do tipo Término-início (TI)	45
7.4.2	Ligações do tipo Término-início (II)	45
7.4.3	Ligações do tipo Termino-Termino (TT)	46
7.4.4	Início-Término – IT: A anterior tem que iniciar para a posterior terminar	46
7.5	**Retardo ou adiantamento das atividades**	**47**
7.5.1	Retardamento nas ligações do tipo Término-início (TI)	49
7.5.2	Retardamento em ligações do tipo Término-início (II)	49
7.5.3	Retardamento em ligações do tipo Término-Término (TT)	50
7.5.4	Antecipações em ligações do tipo Término-início (TI)	50
7.5.5	Antecipações em ligações do tipo Término-início (II)	51
7.5.6	Antecipações em ligações do tipo Término-Término (TT)	51
7.6	**Entendendo os tempos de retardamento e espera**	**52**
7.7	**Visualizando o cronograma do projeto**	**52**
7.8	**Restrições do projeto**	**53**
7.9	**Metas, Marcos ou Milestone**	**54**
7.10	**Modos de Visão e Tabelas**	**55**

8 MELHORES PRÁTICAS PARA A CONSTRUÇÃO DE CRONOGRAMAS 57

8.1	**Não utilização de tempo de espera no sequenciamento TI**	**..57**
8.2	**Não utilização de tempo de espera/antecipação informada em dias (horas)**	**58**
8.3	**Não utilização de tempo de espera no sequenciamento SS**	**..59**
8.4	**duração máxima das atividades**	**60**
8.5	**Entendendo a duração Total do projeto**	**60**
8.9	**– Entendimento do tempo total de um projeto**	**61**
8.10	**Verificação das sucessoras das tarefas**	**62**

9 RECURSOS 63

9.1	**Registrando os recursos**	**63**
9.2	**Relacionando os recursos às atividades**	**65**
9.3	**Problemas de alocação dos recursos; alteração da duração das tarefas**	**67**
9.4	**Problemas de alocação dos recursos; recursos super alocados 68**	
9.5	**Gráficos de recursos**	**69**

9.6	Tela de Uso dos Recursos	70
9.7	Melhor tipo de recurso a se trabalhar	70
10	ATUALIZAÇÃO DO CRONOGRAMA NA EXECUÇÃO DO PROJETO 75	
10.1	Conceito de linhas de base	75
10.1.1	Linhas de Base no MS Project	78
10.2	controle da execução das tarefas	79
10.2.1	Atualizando a data de status do projeto	80
10.2.2	Visualizando as linhas de andamento	81
10.2.3	controle da execução através da informação do percentual executado 82	
10.2.4	Reprogramando as atividades	85
10.2.5	controle da execução através da duração restante	86
11	RELATÓRIOS	89
12	FILTROS	90
13	AGRUPAMENTOS	91
14	PROGRAMAÇÕES SEMANAIS	92
14.1	Cronograma de Longo Prazo	92
14.2	Cronograma de Médio Prazo	92
14.3	Cronograma de Curto Prazo	92
15	MIGRAÇÃO DE UMA LINHA DE BALANÇO DO EXCEL PARA O MS PROJECT	95
15.1	Digitação da EAP no MS Project	95
15.2	Digitação das durações das atividades	96
15.3	Fornecimento das predecessoras	96
15.4	Ajuste das predecessoras para o espelhamento dom planejamento da LB no MS Project	97
16	INTRODUÇÃO AO BIM-4D	99
16.1	criação do modelo 3D	100
16.2	criação do cronograma	101
16.3	Elaboração do BIM-4D – Simulação da execução	102

1 APRESENTAÇÃO

Este livro foi criado a partir de diversas solicitações de alunos nos cursos que ministro sobre gerenciamento de projetos, mais especificamente na área de elaboração e controle de cronogramas para obras de engenharia e arquitetura. Assim, tentei retratar todo o conteúdo do curso de planejamento, incorporando as melhores práticas Lean (Last Planner System) e utilizando ferramentas de apoio como os softwares MS Project e BIM (Building Information Modeling) 4D.

Embora o mercado editorial esteja repleto de livros sobre gerenciamento de projetos, elaboração de cronogramas e operação do MS Project — alguns com excelente conteúdo — os alunos frequentemente sentem falta de algo mais prático e resumido. Algo que demonstre de maneira direta como elaborar bons cronogramas, especialmente para o planejamento de obras. Um material amparado pelas melhores práticas de gerenciamento de projetos, difundidas pelo PMI e pelo Lean Construction Institute (baseado no Last Planner System).

Este livro pode ser utilizado tanto como fonte de consulta para assuntos específicos quanto como leitura integral, seguindo uma lógica de gestão de cronogramas desde seu início até a fase de controle — a mesma lógica que utilizo em meus cursos.

Aproveito para agradecer a todos que colaboraram com ajustes e correções deste livro. Durante a realização dos meus cursos, sempre disponibilizo aos alunos uma coleção de vídeos como material complementar. Se você também quiser receber esses e outros materiais complementares, basta enviar um e-mail para livroproject@heronsantos.com.br.

2 SOBRE O AUTOR

Heron Fábio Santos é Engenheiro Civil, consultor em gestão de obras, com pós-graduação em Gerenciamento de Projetos e Mestrado em Arquitetura e Urbanismo pelo Programa de Pós-Graduação em Desenvolvimento Urbano (MDU) da Universidade Federal de Pernambuco (UFPE). Atuou por mais de 10 anos na área de TI e, nos últimos 25 anos, tem se dedicado ao gerenciamento de projetos para engenharia e arquitetura. Possui certificações pelo Project Management Institute (PMI) e é reconhecido pela Microsoft como especialista em gerenciamento de projetos com o MS Project. Na área acadêmica, é professor e coordenador de pós-graduações relacionadas à gestão de obras, em instituições no Brasil e no exterior.

3 INTRODUÇÃO

O Microsoft Project e outros aplicativos, como o Primavera P6, são poderosos programas de gerenciamento de cronogramas. Com eles, você pode planejar e controlar os prazos de um projeto. Porém, sem o conhecimento das melhores técnicas de elaboração e controle de cronogramas, esses softwares, ou qualquer outro relacionado, pouco ajudarão na gestão de um projeto ou de uma obra.

Este livro, portanto, é dirigido àqueles que desejam aperfeiçoar seus conhecimentos em gestão de projetos e obras. Para isso, utilizaremos a ferramenta MS Project, por ser a mais utilizada no mercado de trabalho brasileiro.

O formato deste livro está organizado de maneira que você possa seguir um passo a passo para realizar uma boa gestão de projetos e obras. Seus capítulos vão desde a criação dos cronogramas até a gestão do seu controle.

Assim como em qualquer outro aplicativo voltado ao gerenciamento de projetos, a utilização do MS Project só será satisfatória se o usuário tiver conhecimento das melhores práticas de elaboração e controle de cronogramas de projetos. Sem esses conhecimentos, o MS Project será operado de maneira equivocada e as informações obtidas poderão não ser úteis ao gerente de projetos. Um exemplo disso é a tendência que muitos têm de querer digitar dados nas colunas de Início e Término. Aqui, já antecipamos: caso isso ocorra, colocaremos em risco o cálculo do caminho crítico, uma das informações mais importantes do cronograma.

Para piorar a situação, muitas organizações ainda pensam que, se tiverem uma relação de atividades sequenciadas com suas respectivas durações, terão um cronograma. Ou pior, podem pensar que terão introduzido o gerenciamento de projetos em seus processos organizacionais. Mas isso não é verdade.

Durante a leitura, veremos teorias de gerenciamento de projetos que mostram a necessidade de complementarmos um cronograma com outros documentos para que seja válido e útil ao empreendimento. Sem um histograma de materiais e recursos humanos, por exemplo, o cronograma passa a ser somente um desenho do Gráfico de Gantt com pouco ou nenhum embasamento prático.

Também escuto pessoas falarem que cronogramas não servem para muita coisa, ou que, historicamente, não têm agregado muito valor aos seus projetos. Pode não parecer, mas até concordo! Afinal, se não for atualizado sistematicamente e de forma correta, um cronograma de nada servirá como apoio à execução de um projeto. Está aí o problema ocasionado pela falta de conhecimento sobre técnicas de atualização de cronogramas.

Acredito que isso seja uma dificuldade acentuada, pois os livros e cursos têm um foco relativamente maior na fase de planejamento e deixam em segundo plano os processos de atualização dos documentos do projeto, especialmente do cronograma. Essa escolha compromete a sua utilização durante a execução do projeto.

Quando alguém afirma que, após algum tempo, o cronograma elaborado não serve mais para a execução da obra, eu concordo e digo mais: depois de uma semana, o cronograma original (*baseline*) só deverá ser utilizado para verificar se o projeto está ou não cumprindo o planejamento inicialmente pensado. Isso porque, obrigatoriamente, devemos adotar o cronograma corrente, ou seja, o cronograma original atualizado com as ocorrências de execução do projeto.

Com isso, fica fácil imaginar que, toda semana, os processos de controle do projeto devem permitir a existência de um novo cronograma (corrente). Veremos mais sobre como conseguir isso de maneira relativamente simples na seção de controle.

4 FUNDAMENTOS DE GERÊNCIA DE PROJETOS E LEAN

A utilização eficaz do MS Project, ou de qualquer outro aplicativo de suporte à elaboração e controle de cronogramas, envolve muito mais do que o simples entendimento de suas funcionalidades. Diferente de outros softwares, como o Microsoft Office Word, por exemplo, o MS Project está interligado às disciplinas e práticas de gerenciamento de projetos e às técnicas Lean relacionadas à construção e controle de cronogramas. Portanto, não basta apenas entender como funciona; é necessário aliá-lo ao conhecimento das melhores práticas de gestão de projetos. Só assim, será operado de maneira correta e poderá oferecer ao usuário informações claras e precisas.

Para isso, abordaremos diversas técnicas e ferramentas relativas à prática de gerenciamento de projetos preconizadas pelo PMI, bem como melhores práticas de gestão de projetos difundidas pelo LCI por meio da metodologia Last Planner system.

Por fim, sugiro que você complemente esta leitura com outros materiais sobre as técnicas de gerenciamento de projetos, mesmo que não estejam relacionadas à elaboração de cronogramas ou à utilização do MS Project.

Na seção a seguir, vamos explorar algumas definições básicas e necessárias para elaborar um planejamento, seja sobre gerenciamento de projeto ou Last Planner System.

4.1 O QUE É UM PROJETO?

Segundo o PMI, na sexta edição do seu Guia Project Management Body of Knowledge (PMBOK), projeto pode ser definido como:

> Um empreendimento não repetitivo, caracterizado por uma sequência clara e lógica de eventos, com início, meio e fim, que se destina a atingir um objetivo claro e definido, sendo conduzido por pessoas dentro de parâmetros pré-definidos de tempo, custo, recursos envolvidos e qualidade.

Portanto, todo projeto possui, por definição, algumas características básicas:

- **Empreendimento não repetitivo:** a palavra projeto deriva do Latim, e vem da união entre *"pro"*, que significa "algo que procede a uma ação", e o verbo *"iacere"*, que significa "levar", "arremessar" ou "lançar". Projeto, portanto, significa "lançar algo novo". Isso já deixa claro que todo projeto é criado para produzir algo novo. Logo, as técnicas de projetos e, consequentemente, o MS Project não podem, ou terão dificuldades de serem utilizadas em processos contínuos.

- **Sequência clara e lógica de eventos:** todo projeto tem uma sequência lógica a ser seguida para que seja concluído.

- **Início e fim bem definidos:** esta definição de projeto é clássica e nos mostra que todos devem ter datas de início e término bem definidas. Porém, hoje sabemos que os projetos voltados à inovação nem sempre têm um fim bem definido. Mesmo assim, podemos aplicar técnicas de planejamento e elaborar um cronograma para eles.

- **Objetivo específico claro, único e bem definido**: todo projeto tem um objetivo para o qual foi elaborado. Não vamos confundir objetivo com escopo, pois são conceitos diferentes.

- **Conduzido por pessoas:** todo projeto, para ser executado, precisa do trabalho das pessoas. Assim, uma área de grande importância está relacionada à análise e ao tratamento dos relacionamentos interpessoais.

- **Parâmetros pré-definidos de tempo, custo, recursos humanos, qualidade etc.:** a maioria dos projetos sempre estará sujeita às limitações de custo, prazo, qualidade etc. Por exemplo, um caso no qual o projeto não poderia custar mais que R$ 1.000.000,00. Ou um projeto que deveria terminar, no máximo, em uma determinada data. Em gerenciamento de projetos, definimos esses parâmetros como Restrições; mas não podemos confundir Restrição com Premissa, pois são conceitos diferentes.

Também podemos afirmar que o foco de um projeto é alcançar objetivos previamente definidos. Assim, torna-se responsabilidade do gerente do projeto conduzi-lo para a concretização desses objetivos, considerando parâmetros estabelecidos como tempo, custo e recursos, enquanto o mantém dentro de um padrão de qualidade previamente definido (Vargas, 2007).

4.2 O QUE É GERENCIAMENTO DE PROJETOS?

Segundo o PMBOK 6ª edição, o gerenciamento de projetos é a aplicação de conhecimentos, habilidades, ferramentas e técnicas nas atividades de projetos, de forma a atender ou superar as expectativas dos *stakeholders* (interessados, atores, participantes) e que envolve o balanceamento de:

Elaboração e controle de Cronogramas

- Escopo, tempo, custo e qualidade;
- Necessidades (requisitos definidos) e expectativas (requisitos subjetivos ou não definidos); e
- Diferentes expectativas e necessidades de todos aqueles que participam do projeto direta ou indiretamente.

Isso indica que, para o gerenciamento de projetos, não é suficiente apenas ter vontade ou necessidade de realizar um conjunto de tarefas. É necessário possuir conhecimento e domínio de técnicas em liderança, negociação, comunicação, entre outras. Para desempenhar suas funções de maneira eficaz, o gerente de projetos precisa ter conhecimentos específicos de várias áreas, não necessariamente presentes no PMBOK. Por exemplo, é importante estar familiarizado com novas técnicas, como o Lean e os conceitos de BIM, especialmente quando se trabalha nas áreas de engenharia e arquitetura.

Não podemos negar que, atualmente, há uma tendência das empresas em administrar as operações com a abordagem de projetos. De maneira simplificada, essa abordagem prevê a aplicação das técnicas, habilidades, ferramentas e conhecimentos do gerenciamento de projetos na condução de operações organizacionais. O termo utilizado para essa tendência ou filosofia é a "administração por projetos", que visa alinhar os grandes objetivos estratégicos da organização aos seus inúmeros projetos, coordenando-os e gerenciando-os de forma a garantir sua execução no menor tempo, com a melhor qualidade e o melhor custo.

4.3 A TRÍPLICE RESTRIÇÃO EM GERENCIAMENTO DE PROJETOS

Embora o conceito de projeto bem executado tenha como foco o atendimento às necessidades e acordos realizados com os *stakeholders* (partes interessadas), de forma a alcançar os objetivos previamente traçados, os conceitos das metas apresentadas pela tríplice restrição continuam muito fortes. A chamada tríplice restrição tem como foco o atendimento aos objetivos dos custos previstos no projeto, a entrega do escopo acertado e o seu término no tempo acordado (Júnior, 2012).

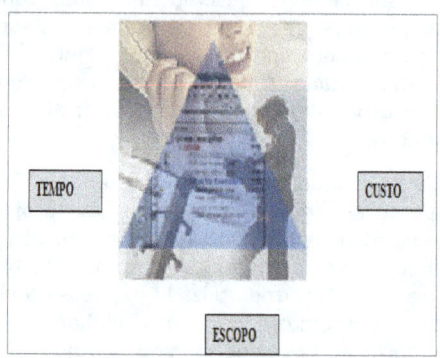

4.1 - Representação da tríplice restrição

Assim, temos:

Custo: o projeto deve ser executado de acordo com o orçamento definido.

Escopo: o projeto deve executar todos os produtos e serviços necessários à entrega do seu produto principal. De maneira simplificada, podemos dizer que escopo é a coleção de todos os produtos e serviços acordados com o cliente. Existem técnicas para definir o escopo do projeto com maior qualidade, como a Estrutura Analítica do Projeto (EAP), ou a maquete do projeto. Embora essas técnicas não façam parte do conteúdo deste livro, conhecê-las é vital à construção de bons cronogramas, devendo ser estudadas para melhorar a qualidade de nossos cronogramas. Atualmente, por exemplo, as ferramentas de elaboração de projetos relacionadas ao BIM têm ganhado um espaço muito grande no mercado de trabalho e deveriam ser incorporadas aos processos de gerenciamento de projetos.

Tempo: o projeto deve ser executado no tempo previsto. Mas o que significa o tempo do projeto? Normalmente, há certa confusão entre os conceitos de tempo e prazo dos projetos e atividades. Então, vamos entender melhor a diferença. Inicialmente, o prazo sempre se refere a uma data acertada. Já o tempo se refere à quantidade de horas necessárias à execução de uma tarefa. Por exemplo, uma determinada atividade pode ter uma duração de 5 dias (ou 40 horas, considerando o padrão de 8 horas por dia) e ser executada dentro de um prazo específico. Como isso seria possível?

Bem, isso seria possível devido às diferentes jornadas de trabalho dessas tarefas (calendário), por exemplo:

- A – Temos a atividade X de 5 dias (40 horas) iniciando na segunda e sendo conduzida em uma jornada de trabalho de 8 horas diárias. Assim, o seu término previsto será na sexta-feira da mesma semana.
- B – Temos a atividade Y, também de 5 dias (40 horas), iniciando na segunda e sendo conduzida em uma jornada de trabalho de 4 horas diárias. Logo, o seu término previsto será na sexta-feira da semana seguinte.

Nome da tarefa	Duração	
Atividade X	5 dias	
Atividade Y	5 dias	

4.2 – diferença entre tempo (duração) e prazo

Uma confusão se formou quando os softwares de gerenciamento de tempo nomearam a coluna de "tempo" como "duração" e colocaram as unidades de medida como dias, semanas, meses etc. Devemos sempre entender o seguinte: quando informamos que a duração de uma determinada tarefa é de 10 dias, o MS Project entende que a atividade será realizada em 80 horas (considerando que um dia equivale a 8 horas). Assim, se a tarefa estiver atrelada a uma jornada de trabalho de 8 horas diárias, ela terá um prazo para ser executada. Porém, se estiver atrelada a uma jornada de trabalho de 4 horas diárias, o prazo será diferente.

No decorrer do planejamento e/ou execução do projeto, esses fatores são interdependentes e sujeitos a alterações. A gerência dessas variáveis é feita sob uma perspectiva sistêmica, na qual se admite que a modificação do valor de uma delas terá um impacto previsível em todas as demais. Isso significa que, muitas vezes, a redução, por exemplo, da variável "tempo" acarretará um aumento na variável "custo" ou implicará na alteração de alguma especificação do produto (escopo).

Além disso, qualquer que seja a mudança ocorrida em uma das variáveis, o gerente deve possuir um modelo que permita a rápida tomada de decisão e que corrija a mudança de curso, garantindo a continuidade do processo.

Também é importante lembrar que toda e qualquer modificação no conteúdo dessas variáveis deve ser negociada, em geral, com o cliente e os fornecedores internos e externos ao projeto.

4.4 Conceitos e definições do Lean

As origens do conceito do Lean emergem dos estudos da indústria automobilística japonesa, especificamente do grupo industrial Toyota. Seu estudo foi essencial para a indústria automobilística americana que antes utilizava um sistema de produção em massa (Womack; Jones, 1996).

O Lean se consolida como um conjunto de práticas que guiam empresas a trabalharem com processos produtivos considerados enxutos, ou seja, aqueles que provocavam um volume reduzido de perdas na operação. Essas perdas podem ser relativas ao gerenciamento de informações ou às transformações físicas. De toda forma, do ponto de vista do cliente, o Lean contribui para a redução de processos e atividades que não agregam diretamente valor à entrega final (produto) (Womack; Jones, 1996).

Nesse sentido, na tentativa de tornar operacionais as diretrizes genéricas propostas por Womack e Jones no contexto do planejamento de obras (1996), Koskela (1992) evidência o Lean dentro da Arquitetura, Engenharia e Construção (AEC), nomeando-o como Lean Construction (Construção Enxuta, LC). A partir disso, foi criado o Lean Construction Institute (Instituto de Construção Enxuta).

O combate ao desperdício é considerado como um dos pontos principais dentro do conceito Lean. Portanto, sua redução (desperdícios) é uma das metas primárias da cultura Lean. Essa filosofia defende que o desperdício da produção advém das atividades que não fornecem valor ao produto (Ballard; Howel, 2003).

Ohno (1988 apud Guimarães et al., 2015) aponta sete tipos de desperdícios, denominados por ele como "MUDA". O autor sugere que estes desperdícios são responsáveis por até 95% dos custos iniciais não considerados nos projetos e dos trabalhos realizados em ambientes que não operam com os princípios do Lean. Esses desperdícios são classificando em:

a. **Sobreprodução**: significa produzir mais do que o cliente pede, ou demasiadamente cedo. Essa prática teve origem na filosofia fordista com a operacionalização da produção empurrada. Para o Lean, contudo, a produção deve ser puxada, ou seja, produzir somente o quanto e quando o cliente encomenda (demanda);
b. **Espera**: inclui espera por material, informação, equipamento, mão-de-obra, ferramentas etc. O Lean nos mostra que todos os recursos devem ser fornecidos no tempo exato para a execução dos serviços, nem muito cedo nem muito tarde. Esse é o modelo *just-in-time* de produção;
c. **Transporte e movimento excessivo:** o material deve ser entregue no ponto de utilização. A filosofia Lean defende que o material deve ser enviado diretamente para o local onde será processado;
d. **Processamento que não acrescenta valor:** geração de produtos ou informações que não serão utilizadas nos processos seguintes ou a

presença de retrabalhos, normalmente devido ao fato do produto ou serviço não ter sido executado corretamente da primeira vez;

e. **Excesso de inventário**: está relacionado à sobreprodução, provocando, normalmente, o acúmulo de estoques intermediários de produtos ou serviços semiacabados; e

f. **Defeitos**: defeitos na produção ou em serviços provocam desperdício de quatro formas: os materiais são consumidos; a mão-de-obra utilizada não é recuperável; é necessário mão-de-obra para repetir ou corrigir o trabalho; e é necessário utilizar novos recursos para responder a qualquer queixa futura do cliente.

Koskela (2004) adiciona um outro tipo de desperdício à relação de Ohno, denominado "*Making-Do*". O Making-Do diz respeito à gestão com falta de meios disponíveis, ou seja, iniciar atividades sem todos os pré-requisitos cumpridos. Segundo o autor, a descoberta e o entendimento desse tipo de desperdício são particularmente importantes quando se pretende manter um rendimento alto, ou para evitar atrasos no planejamento.

Para se adequar aos novos conceitos de gestão da produção, a partir de meados dos anos 90, houve uma reestruturação no processo de planejamento e controle de produção. Assim, foi desenvolvido o Last Planner System of Production Control, adotado em vários países como Reino Unido (Koskela, 1999), Estados Unidos (Ballard, 2000), Dinamarca (Bertelsen, 2003), Brasil (Bernardes, 2001) etc. O Last Planner System se baseia nos conceitos e princípios da produção associada à produção enxuta (Womack; Jones; Ross, 1992).

4.5 LAST PLANNER SYSTEM

O Lean Construction Institute (LCI) apresenta o Last Planner System (LPS) como um sistema de princípios que ajudam a aumentar a confiabilidade na eficácia da execução do planejamento Lean, melhorando, significativamente, o desempenho do projeto (LCI, 2007).

O Last Planner System (LPS) é uma metodologia de planejamento colaborativo utilizada no gerenciamento de projetos de construção que se destaca por sua abordagem estruturada em quatro horizontes temporais: *Master Schedule* (longo prazo), *Phase Schedule* (médio prazo), *Lookahead Planning* (curto prazo) e *Weekly Work Planning* (planejamento semanal). Esses horizontes permitem um controle mais preciso e eficaz do progresso das atividades, garantindo que o trabalho flua de maneira contínua e sem interrupções. Resumidamente, sobre cada um destes horizontes temporais, temos:

- **Master Schedule (Longo Prazo):** esse horizonte abrange a visão geral do projeto, delineando os principais marcos e objetivos a serem alcançados, ao longo de todo o ciclo de vida do projeto. É uma ferramenta estratégica que orienta as decisões e alocações de recursos de maneira ampla.

- **Phase Schedule (Médio Prazo):** no nível do *phase schedule*, o planejamento é detalhado em fases específicas do projeto. Esse horizonte temporal foca na coordenação das atividades que devem ocorrer nos próximos meses, assegurando que todas as partes envolvidas estejam alinhadas quanto às suas responsabilidades e prazos.

- **Lookahead Planning (Curto Prazo):** o *lookahead planning* se concentra nas atividades previstas para as próximas semanas. Esse horizonte identifica e elimina possíveis obstáculos antes que se tornem problemas reais, ajustando o cronograma de acordo com as condições e necessidades do projeto.

- **Weekly Work Planning (planejamento Semanal):** esse é o horizonte mais curto e detalhado do LPS, quando as tarefas são planejadas e monitoradas semanalmente. Envolve a coordenação diária das atividades para garantir que tudo esteja conforme o plano e que qualquer desvio possa ser rapidamente corrigido.

Para fins de simplificação didática e prática, neste livro, trabalharemos com três horizontes temporais principais: longo prazo, médio prazo e curto prazo. Essa abordagem permite uma compreensão mais clara e objetiva dos princípios fundamentais do Last Planner System sem perder a essência da metodologia. Neste caso, teremos as seguintes definições:

- **Longo Prazo:** esse horizonte abrange a visão geral do projeto considerando as macroatividades. É uma ferramenta estratégica que orienta as decisões e alocações de recursos de maneira ampla.

- **Médio Prazo:** o planejamento de longo prazo é mais detalhado em um horizonte temporal de dois a três meses à frente da fase (momento) atual. Esse horizonte temporal foca na coordenação das atividades futuras previstas, assegurando que todas as partes envolvidas estejam alinhadas quanto às suas responsabilidades e prazos.

- **Curto Prazo:** normalmente chamado de "Planejamento Semanal", concentra-se nas atividades previstas para a próxima semana. Esse horizonte identifica e elimina possíveis obstáculos antes que se tornem problemas reais, ajustando o cronograma de acordo com as condições e necessidades do projeto.

Sobre a ótica dos três horizontes temporais, o LPS prevê um conjunto de procedimentos e ferramentas para a redução da variabilidade e incerteza na construção. Esses procedimentos partem do que "DEVE" ser feito (segundo programação), para decidir o que "PODE" ser feito (analisando restrições), e considerando que nem tudo o que deve ser feito, pode efetivamente ser realizado, devido às limitações de recursos e coordenação. Uma vez assegurado que as atividades podem ser iniciadas cumprindo-se os pré-requisitos, pode ser definido o que "SERÁ" feito. Uma representação dessa lógica pode ser observada na Figura 4.3 (LCI, 2007).

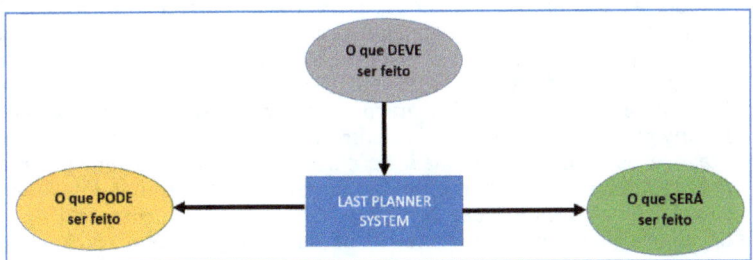

4.3 - Representação dos procedimentos do LPS

Conforme descrito, o Last Planner System trabalha com diferentes níveis hierárquicos, ou horizontes temporais (longo, médio e curto prazo) e com objetivos diferentes para cada um desses. Primeiramente, no planejamento a longo prazo, são estabelecidos os principais produtos do empreendimento, podendo servir para a elaboração do orçamento do projeto. Em seguida, são identificadas e removidas as restrições para a execução das atividades necessárias à entrega desses produtos, sendo esse o principal objetivo do planejamento de médio prazo. Por fim, no planejamento de curto prazo, são estabelecidos os compromissos para a execução das tarefas (LCI, 2007). Na Figura 2 se observa o relacionamento dos diferentes níveis hierárquicos do LPS.

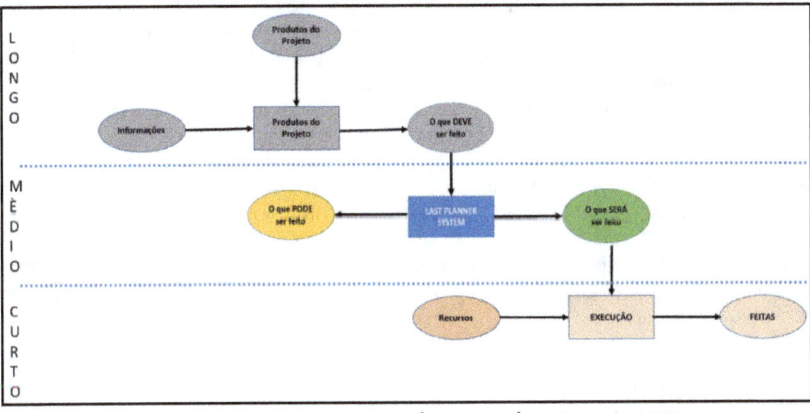

4.4 - Relacionamento dos níveis hierárquicos do LPS

Elaboração e controle de Cronogramas

Temos as seguintes definições para esses três horizontes de planejamento:

- O planejamento de longo prazo foca nos objetivos gerais do projeto. Para esse horizonte, realizado antes do início do projeto, constam, basicamente, as informações relacionadas às datas de início e fim da elaboração dos produtos orçados, assim como o orçamento de cada um. É o planejamento que está contratualmente ligado ao "Dono" do projeto e deve apresentar um baixo nível de detalhamento, devido à incerteza do ambiente produtivo;
- O planejamento de médio prazo, também chamado de "*lookahead planning*", proporciona a ligação entre as decisões estratégicas de longo prazo e as ações operacionais de curto prazo. Consiste em um maior detalhamento do planejamento de longo prazo, programando as tarefas das próximas três a doze semanas. O número de semanas deve ser decidido com base nas características do projeto, nível de confiança do planejamento de longo prazo e tempo para obtenção de informações, além do material e equipamentos necessários à execução das tarefas;
- O planejamento de curto prazo está relacionado às decisões necessárias à execução das tarefas identificadas no planejamento de médio prazo, com foco no dia a dia do projeto. Esse planejamento é efetuado para um período de um a quinze dias e é o instrumento efetivo que gera as ações operacionais. Esse tipo de planejamento deve ser realizado pela pessoa ou organização responsável pela execução do projeto, isto é, o último planejador (*Last Planner*). Nesse nível de planejamento é necessário alto grau de compromisso. São tomadas decisões como pequenos ajustes na sequência das tarefas, considerando o cumprimento das anteriores e a disponibilidade de recursos, minimizando a influência dos imprevistos.

Alguns dos benefícios da aplicação do LPS na fase de elaboração de projetos de arquitetura e engenharia são demostrados por Fosse e Ballard (2016) no artigo "Lean Design Management in Practice with the Last Planner System". Nele, constam estudos de casos nos quais, em virtude do uso do LPS, foi possível identificar aumento das taxas de conclusão de projetos dentro dos prazos estabelecidos, aumento da colaboração e mudança comportamental das equipes de design, que se tornaram menos reativas e mais proativas.

Ferramentas Lean, normalmente, não podem ser trabalhadas de forma isolada. Por isso, o trabalho realizado pelos horizontes temporais do LPS (longo, médio e curto prazos) tem uma forte ligação com uma das principais ferramentas do Lean, o PDCA. Acredito que a implementação do LPS permite sistematizar a aplicação do ciclo PDCA, criando um fluxo de melhoria contínua.

4.6 O PLANEJAMENTO EM PROJETOS

Elaboração e controle de Cronogramas

Em qualquer atividade de uma organização, o planejamento deve sempre ser encarado como uma rotina essencial. Entretanto, em grande parte dos projetos existentes, pouco se planeja, muito se executa e muito (mas muito mesmo) é gasto refazendo trabalhos que, com o devido planejamento, poderiam ser evitados.

Costumeiramente, não acreditamos que é preciso destacar a importância de um planejamento criterioso de todas as possíveis nuances de um projeto às organizações que optam por esse enfoque. Normalmente, partimos do pressuposto de que todos os envolvidos têm como filosofia de trabalho um claro entendimento de que planejar é essencial. A realidade, contudo, é bem distante dessa visão.

4.7 O CONTROLE EM PROJETOS

Se analisar com cuidado, você verá que muito se fala em planejamento. Cursos e treinamentos são constantemente oferecidos e a literatura é farta. Porém, quando falamos de controle de projetos, encontramos pouca coisa. Por isso, o controle também deve ser bem pensado e trabalhado. Os procedimentos para atualizar o cronograma devem ser planejados de forma a garantir uma maior probabilidade de sucesso do projeto.

Assim, parte deste livro será destinada à compreensão do controle, pois entendo que um bom planejamento pode não ajudar muito na execução dos projetos, caso não sejam controlados e atualizados sistematicamente e periodicamente.

5 ELABORAÇÃO DE CRONOGRAMAS DE LONGO PRAZO EM LINHAS DE BALANÇO

À medida que avançamos no universo complexo da gestão de obras e projetos, torna-se essencial explorar e dominar técnicas que ofereçam uma visão clara e eficiente da estratégia macro para a concretização dos trabalhos. No Capítulo 5, portanto, discutiremos sobre uma dessas técnicas: as Linhas de Balanço (Line of Balance, LOB).

Neste capítulo, exploraremos os princípios fundamentais das Linhas de Balanço, sua história e evolução, e como essa técnica pode ser aplicada de maneira eficaz em diversos tipos de projetos e obras. Analisaremos, ainda, os benefícios e as melhores práticas para sua implementação.

Além disso, mais adiante no livro, discutiremos sobre a integração das Linhas de Balanço com outras metodologias de gestão de projetos, como o Gantt Chart, mostrando como essas ferramentas podem ser combinadas para criar um sistema de gestão mais robusto e eficiente. Também abordaremos os desafios comuns enfrentados ao utilizar LOB e forneceremos soluções e estratégias para superá-los.

5.1 Definição

A Linha de Balanço é um processo de elaboração e controle de planejamento. Quando pesquisamos sua origem, encontramos algumas variações na história. A Goodyear Company é amplamente reconhecida por tê-la criado no início da década de 1940. Posteriormente, no início dos anos 1950, a Marinha dos Estados Unidos passou a adotá-la e desenvolvê-la. Diante desse exemplo, passou a ser aplicada em indústrias de manufatura e controle de produção, e suas ideias básicas foram adaptadas para planejamento e agendamento na indústria da construção (AcqNotes). Embora a Goodyear seja frequentemente mencionada como pioneira, foi da Marinha norte americana o papel mais significativo no desenvolvimento e aplicação da técnica em diferentes setores (Vargas, 2015).

A técnica de elaboração e controle de prazo utilizando as Linhas de Balanço é normalmente utilizada para a elaboração de cronogramas de longo prazo, favorecendo as obras que têm padrões de repetição de serviços mais claros, ao longo do tempo.

Elaboração e controle de Cronogramas

Considerando os princípios do Lean Construction, ela entrega informações úteis à melhoria da produtividade e qualidade das tarefas nos canteiros de obras. Por isso, entender seus funcionamentos e técnicas traz benefícios ao planejamento e permite que os gestores consigam ter ganhos significativos, sejam de tempo ou custo.

Um cronograma Linha de Balanço consiste em um planejamento no qual os locais da obra, por exemplo, pavimentos, lotes, casas e trechos, são dispostos no eixo y, enquanto o calendário segue o eixo x. Assim, as atividades ou serviços programados estão na junção dos dois eixos, formando um gráfico com diversas retas inclinadas. Além das linhas, o planejamento também pode ser visualizado em um conjunto de blocos, nos quais a espessura equivale à duração da atividade.

5.2 ELABORANDO UM CRONOGRAMA EM LINHAS DE BALANÇO EM EXCEL

A seguir, apresentamos um passo-a-passo para elaborar o cronograma de um empreendimento no formato das Linhas de balanço.

O empreendimento em questão é um conjunto habitacional com 14 casas. De maneira didática, simplificaremos as atividades ou serviços a serem realizados em cada uma delas.

5.2.1 Passo 1 – Divisão dos espaços de trabalho

Divida o projeto em diferentes áreas de trabalho. Elas podem ser repetitivas ou únicas, ou até mesmo iguais em termos de áreas, se preferir. Essa segmentação permite uma melhor gestão e controle do progresso, facilitando a identificação de tarefas que podem ser realizadas simultaneamente ou em sequência. Como exemplo, temos:

1. Para um prédio, poderíamos dividi-lo como apresentado nas figuras abaixo:

Elaboração e controle de Cronogramas

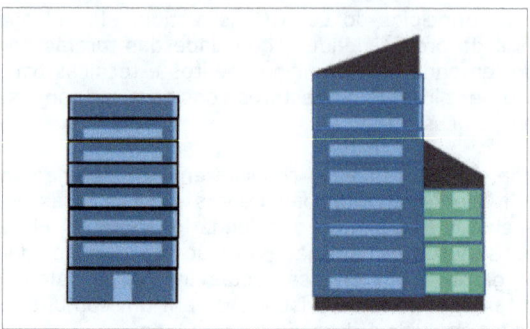

5.1 – Divisão de uma obra vertical em áreas

No prédio da esquerda, temos uma divisão em oito áreas, sendo seis pavimentos tipos, um térreo e uma cobertura. Já no prédio da direita, temos a divisão em sete pavimentos tipos, uma cobertura (parte superior), quatro áreas complementares para os quatro primeiros pavimentos e duas áreas de cobertura.

2. Para uma estrada (abaixo), poderíamos dividir em seguimentos de quilômetros.

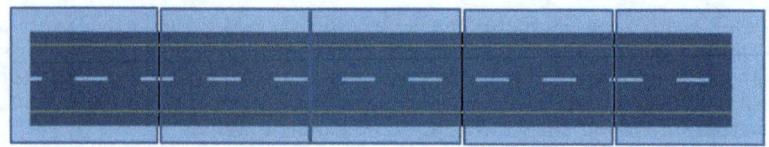

5.2 – Divisão de uma obra horizontal em áreas

Para iniciar a elaboração da LB, devemos distribuir as áreas de trabalho no eixo Y. Já no eixo X, teremos a divisão do tempo em dias, semanas, meses etc. Como exemplo, para a elaboração de uma linha de balanço de um prédio com quatro andares teríamos (LOB feita em Excel):

Elaboração e controle de Cronogramas

	A	B	(CEFGHIJKLMNCPCRSTUVWXYZAAAAAAAAAAAAA
1			
2		COBERTURA	
3		PAVIMENTO TIPO 4	
4		PAVIMENTO TIPO 3	
5		PAVIMENTO TIPO 2	
6		PAVIMENTO TIPO 1	

5.3 – Representação de obra vertical e suas áreas para desenho de LB

Na imagem temos a representação de quatro pavimentos tipo e a cobertura.

5.2.2   Passo 2 – Definição dos Serviços a Serem Trabalhados

Identifique e liste todos os serviços que precisam ser executados em cada área de trabalho. Essa definição detalhada é crucial para garantir que todas as atividades necessárias sejam consideradas no planejamento da linha de balanço.

Para cada um dos serviços, utiliza-se como padrão a definição de uma cor que lhe represente em todas as LOB elaboradas.

No caso da nossa linha de balanço para um prédio de quatro andares, poderíamos utilizar a seguinte relação de serviços (simplificada).

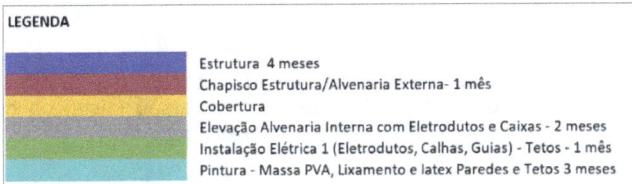

5.4 – Representação dos serviços a serem representados na elaboração de uma linha de balanço

Na figura acima, temos a representação de seis serviços. Porém, apenas cinco serão utilizados de forma repetitiva nos pavimentos tipo. A cobertura será utilizada apenas na área da cobertura. Isso abre espaço para representarmos nas nossas LOBs áreas e serviços que não necessariamente serão repetitivos.

5.2.3 Passo 3 – Desenho das Linhas de Balanço – De baixo para cima

Desenhe as Linhas de Balanço em um gráfico para representar cada serviço como uma linha temporal. A inclinação das linhas deve refletir a taxa de progresso prevista para cada atividade, permitindo a visualização clara de como os trabalhos se alinham ao longo do tempo.

Nessa etapa, utilizamos algumas regras básicas como, por padrão, iniciamos do baixo para cima:

- Normalmente, começamos do primeiro espaço de trabalho.
- Se a duração do serviço para o qual está se desenhando a linha for MAIOR que a duração do serviço anterior, desenha-se de BAIXO PARA CIMA.
- Se a duração do serviço para o qual está se desenhando a linha for MENOR que a duração do serviço anterior, desenha-se de CIMA PARA BAIXO.

Porém, também podemos iniciar do último espaço de trabalho (de cima para baixo). Nesse caso, teríamos:

- Se a duração do serviço para o qual está se desenhando a linha for MAIOR que a duração do serviço anterior, desenha-se de CIMA PARA BAIXO.
- Se a duração do serviço para o qual está se desenhando a linha for MENOR que a duração do serviço anterior, desenha-se de BAIXO PARA CIMA.

No caso da nossa linha de balanço para um prédio de quatro andares, teríamos a linha de balanço abaixo como uma versão inicial na qual cada coluna do Excel representa uma semana de trabalho.

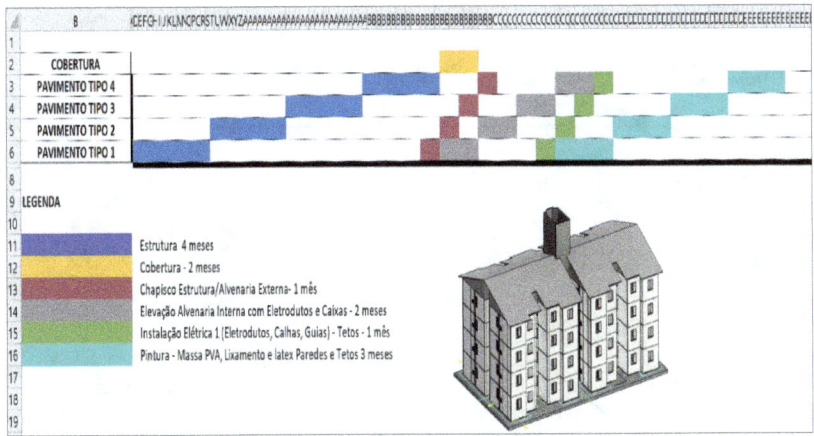

5.5 - Linha de balanço de balanço para um prédio de 4 pavimentos (simplificado)

5.2.4 Passo 4 – Desenho das Linhas de Balanço – De cima para baixo (inversão da produção)

Em uma obra, durante a execução das atividades, talvez seja necessário inverter a sequência de trabalho como, por exemplo, depois da realização do chapisco em uma fachada (realizada de baixo para cima), precisaremos executar o reboco de cima para baixo. Chamamos isso de inversão da produção e, nesse caso, seguiríamos as seguintes regras:

- Se a duração do serviço para o qual está se desenhando a linha for MAIOR que a duração do serviço anterior, desenha-se de CIMA PARA BAIXO.
- Se a duração do serviço para o qual está se desenhando a linha for MENOR que a duração do serviço anterior, desenha-se de BAIXO PARA CIMA.

No caso da nossa Linha de Balanço para um prédio de quatro andares, com a inversão da produção, teríamos, como uma versão inicial, a Linha de Balanço abaixo, na qual cada coluna no Excel representaria uma semana de trabalho.

Elaboração e controle de Cronogramas

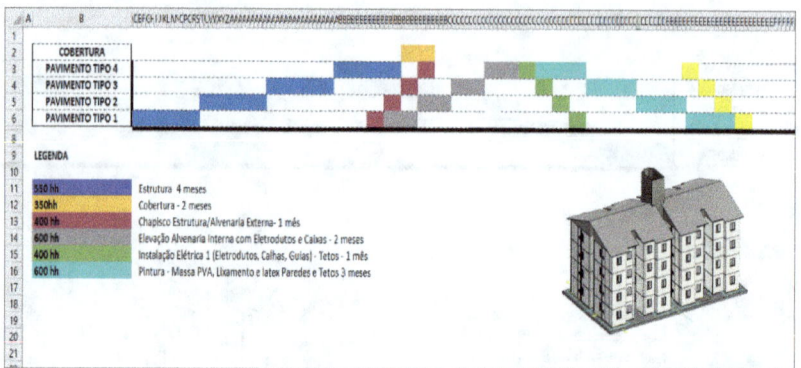

5.6 - Linha de balanço de balanço para um prédio de 4 pavimentos com inversão da produção (simplificado)

5.2.5 Passo 4 – Ajustes nas Linhas de Balanço

Revisões e ajustes no cronograma elaborado sempre serão necessários. Seja em virtude da otimização, da sequência, da alocação de recursos, ou para correções de conflitos lógicos. Por exemplo, na LOB apresentada anteriormente, iniciamos o chapisco do quarto andar sem haver tempo para retirada dos escoramentos. Assim, uma Linha de Balanço revisada poderia ser a apresentada abaixo.

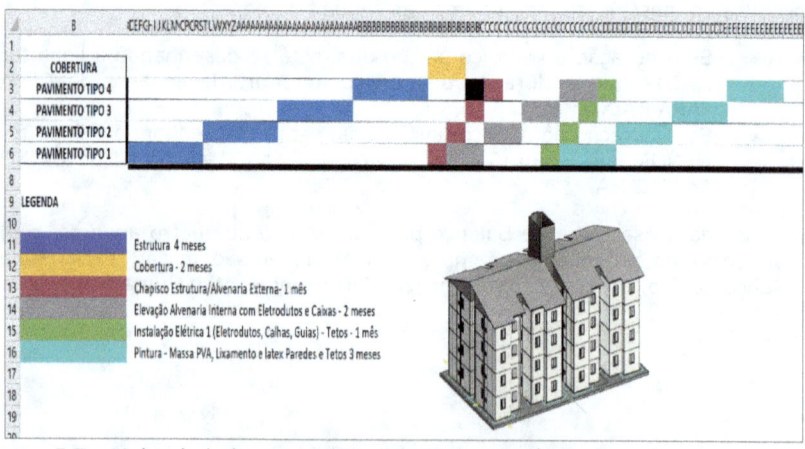

5.7 - Linha de balanço de balanço para um prédio de 4 pavimentos (ajustado com tempo de espera)

Nessa LB, visualiza-se um tempo de espera para a execução da atividade de chapisco, ou tempo necessário para a retirada dos escoramentos da cobertura, por exemplo. Essa etapa é importante para garantir que o cronograma seja realista e eficiente, identificando e corrigindo possíveis conflitos ou sobreposições de atividades.

Esses passos ajudam a criar uma Linha de Balanço que facilita o acompanhamento e o controle do progresso do projeto, garantindo que todas as atividades estejam bem coordenadas e que os recursos sejam utilizados de maneira eficiente.

5.3 Vantagens da utilização da Linha de Balanço

A Linha de Balanço oferece uma visualização clara e rápida do fluxo de trabalho do projeto. É um recurso que facilita o planejamento contínuo das atividades e que, durante a fase de execução, permite-nos entender como está o rendimento das equipes e o ritmo de produção.

Outras vantagens percebidas são:

- Melhora a troca de informações entre os gestores da obra e a mão de obra do canteiro, tornando a comunicação mais eficiente já que todos conseguem entender de forma fácil o cronograma e o que precisam realizar em cada etapa;
- Proporciona uma visão maior do controle do andamento do projeto e do ritmo com o qual as atividades são executadas;
- Permite a visualização total dos serviços: dos que estão adiantados (ou não) e ainda oferece uma visualização dos recursos operacionais que podem ser descartados ou realocados para outras obras;
- Evidencia as interferências: ajudando a entender as que podem prejudicar o planejamento de execução e afetar a entrega no prazo definido.

Como resultado, há uma melhor comunicação no canteiro de obras e no planejamento, além de uma economia de recursos, uma vez que, com o maior entendimento dos envolvidos, o trabalho é executado de maneira mais eficaz.

Há também uma economia de tempo. Afinal, as equipes não ficarão mais tão ociosas e poderão agilizar outros aspectos da obra, além de colaborar para que a conclusão seja alcançada no prazo estimado.

5.4 Ferramentas (softwares) para elaboração da Linha de Balanço

Elaboração e controle de Cronogramas

Normalmente, o cronograma de longo prazo no formato das Linhas de Balanço é elaborado em planilhas do Excel. Porém, já existem plataformas específicas para tal como a Prevision ou a Agilean.

Essas plataformas permitem, inclusive, exportar o cronograma para outros aplicativos, como o MS Project, possibilitando a elaboração dos cronogramas de médio prazo de forma integrada.

6 ELABORAÇÃO DE CRONOGRAMAS DE MÉDIO PRAZO COM UTILIZAÇÃO DO MS PROJECT

No mundo da gestão de projetos e obras, o planejamento detalhado e eficiente é a chave para o sucesso. Após termos explorado técnicas de desenvolvimento de LBs no capítulo anterior, nos Capítulo 6 e 7, direcionamos nosso foco para a elaboração de cronogramas de médio prazo, utilizando como ferramenta de apoio o MS Project. Esse aspecto do planejamento é crucial para garantir que os projetos avancem de maneira organizada e dentro dos prazos estabelecidos.

Os cronogramas de médio prazo funcionam como uma ponte entre a visão estratégica de longo prazo e as ações imediatas de curto prazo. Eles permitem aos gestores de projetos visualizarem claramente as atividades programadas para os próximos meses, proporcionando uma estrutura sólida que facilita o monitoramento do progresso e a adaptação às mudanças inevitáveis.

Neste capítulo, exploraremos diversas abordagens para a criação de cronogramas de médio prazo, incluindo a utilização da Estrutura Analítica do Projeto (EAP) e ferramentas de software como o MS Project. Discutiremos a importância de decompor o projeto em componentes gerenciáveis, permitindo uma melhor alocação de recursos e identificação de dependências entre as atividades.

6.1 Definição

Um cronograma de médio prazo está relacionado diretamente a um cronograma de longo prazo, pois se trata de um detalhamento dos serviços e tarefas sob o olhar de dois a três meses à frente do tempo de execução. No exemplo da Linha de Balanço construída anteriormente, teríamos que elaborar um detalhamento de como fazer as estruturas, por exemplo, especificando as necessidades para cada um dos andares como: pilar, viga, laje etc.

Um erro que cometíamos anteriormente era detalhar todas as tarefas do projeto desde o início até o término, resultando em cronogramas complexos com centenas ou milhares de linhas. Isso dificultava o gerenciamento e a adaptação às mudanças inevitáveis ao longo da empreitada. Agora, com o Last Planner System (LPS), o detalhamento é realizado apenas no médio prazo, permitindo uma abordagem mais ágil e eficiente. Esse método facilita a identificação e resolução de problemas, além de promover uma comunicação mais clara e objetiva entre os membros da equipe.

Com o Last Planner System, as melhores práticas passam a recomendar o detalhamento apenas das atividades a serem realizadas nos próximos dois a três meses. Esse método permite um planejamento mais preciso e adaptável.

Etapas do Processo:

- Antes de iniciar a obra: detalhamos as tarefas a serem executadas nos próximos dois ou três meses;
- Durante a execução: após completar o primeiro mês, detalhamos as atividades do mês seguinte; e
- Repetição contínua: esse ciclo de detalhamento mensal continua até o término da obra.

Vantagens do Processo:

- Adaptabilidade: permite ajustes contínuos conforme o projeto avança;
- Clareza: facilita a visualização e comunicação das atividades a serem realizadas; e
- Eficiência: melhora a gestão dos recursos e o cumprimento dos prazos.

Esse método garante que o planejamento seja mais ágil e responsivo às mudanças, otimizando a execução do projeto.

Normalmente, o cronograma de médio prazo é elaborado em um software específico para elaboração e controle de cronogramas. No nosso caso, vamos utilizar o MS Project. Então, faz-se necessário o conhecimento de sua operacionalização.

6.2 Conhecendo o MS Project

6.2.1 Visão Geral

O MS Project é uma ferramenta automatizada de apoio à gestão de projetos, na qual é possível planejar e acompanhar as atividades, recursos e outras variáveis de um projeto. Trata-se de uma ferramenta pertencente à família Office da Microsoft que, portanto, utiliza os padrões conhecidos dessa interface com o usuário.

A figura abaixo apresenta essa interface.

Elaboração e controle de Cronogramas

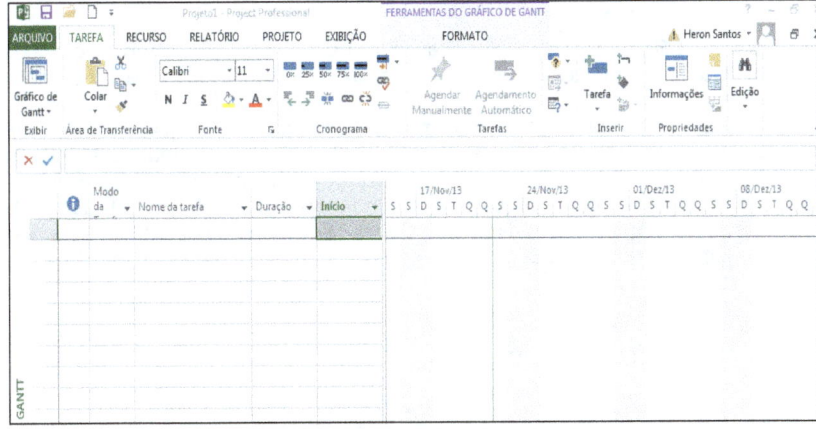

6.1 – Tela inicial do MS Project

Uma boa notícia para quem é iniciante no uso do MS Project é que ele pode ser pensado como uma planilha do Excel. Ambos os aplicativos trabalham com linhas e colunas, e muitos de seus comandos são similares.

6.2.2 Guias de Menus

O Guia de Menus do MS Project tem as seguintes opções:

1. ARQUIVO: trata das operações com arquivos;
2. TAREFAS: cuida das operações ligadas às tarefas;
3. RECURSOS: cuida das operações ligadas aos recursos;
4. RELATÓRIOS: apresenta relatórios pré-prontos para utilização;
5. PROJETO: cuida das operações ligadas aos projetos;
6. EXIBIÇÃO: cuida da formatação de textos, tabelas, fontes etc.; e
7. FORMATO: disponibiliza ferramentas para formatação do projeto.

6.2.3 Principais Visões

Inicialmente, verificamos que o MS Project possui três formatos básicos para exibir as informações. São eles:

- GRÁFICOS: representam graficamente as informações, como os gráficos de Gantt, Gantt de controle, diagrama de rede, gráfico de recursos e calendário.
- PLANILHAS: representam informações em linhas e colunas. Cada linha contém informações sobre uma tarefa ou recurso individual. Cada coluna contém um campo no qual se inserem informações específicas sobre tarefas ou recursos. As colunas no Microsoft Project são, em geral, chamadas de campos. Como exemplo de planilhas temos: planilha de recursos, uso de cursos etc.

6.2.4 O Gráfico de Gantt

Na elaboração e condução de projetos, o gráfico de Gantt, ou Gantt de controle, é, sem dúvida, a visualização mais utilizada e mais importante no MS Project. Ele é o padrão de visualização quando iniciamos a operação do software.

O modo de exibição no gráfico de Gantt nos mostra as informações sobre as tarefas relativas ao seu projeto, tanto como texto quanto como gráfico de barras.

6.2.5 Planilha de recursos

O modo de exibição da planilha de recursos nos mostra as informações sobre cada recurso do projeto.

6.2.6 O Gráfico de recursos

O modo de exibição do gráfico de recursos nos mostra graficamente as informações sobre a alocação e o trabalho ou o custo dos recursos ao longo do tempo. Você pode analisar as informações sobre um recurso de cada vez ou sobre recursos selecionados.

6.2.7 A Planilha de Uso do Recurso

A planilha de uso do recurso exibe os recursos do projeto e agrupa as tarefas atribuídas logo abaixo de cada um. Ela relaciona cada recurso aos trabalhos que terão de desempenhar no projeto.

6.2.8 A Planilha de Uso da Tarefa:

O modo de exibição uso da tarefa nos mostra as tarefas do projeto com os recursos atribuídos agrupados logo abaixo.

6.2.9 O Diagrama de Rede

O Diagrama de Rede é um modo de visualização que mostra as dependências entre as tarefas do projeto como um gráfico de fluxo de rede. As tarefas são representadas por caixas, enquanto equipes e as dependências de tarefa são representadas por linhas que conectam as caixas.

6.3 INICIANDO COM O MS PROJECT

A seguir, veremos um passo-a-passo de como podemos criar um cronograma no MS Project.

6.3.1 Criando um novo arquivo de projetos

A criação de um novo arquivo de projeto pode ser realizada por três opções:
- Quando se executa o botão "Arquivo/Salvar Como";
- Quando se executa o botão "Novo" na Barra de ferramentas; e
- Quando se solicita o salvamento de um projeto já aberto através da opção "Arquivo/Salvar Como".

Os arquivos gerados pelo MS Project têm a extensão ".MPP" e podem ser copiados e enviados por e-mail.

6.3.2 Configuração inicial do MS Project

O MS Project permite a configuração de vários itens específicos de um projeto, tais como:
- Moeda;
- Modo de exibição das datas;
- Modo de exibição padrão;
- Taxa padrão dos recursos;
- Cálculo automatizado do impacto das alterações em um projeto;
- Calendário padrão do projeto;
- Horas de trabalho diárias, semanais, mensais etc.

Elaboração e controle de Cronogramas

Essas configurações são realizadas por meio da opção "Arquivo/Opções" que, além das configurações padronizadas dos aplicativos do Microsoft Office, contém algumas opções específicas do MS Project.

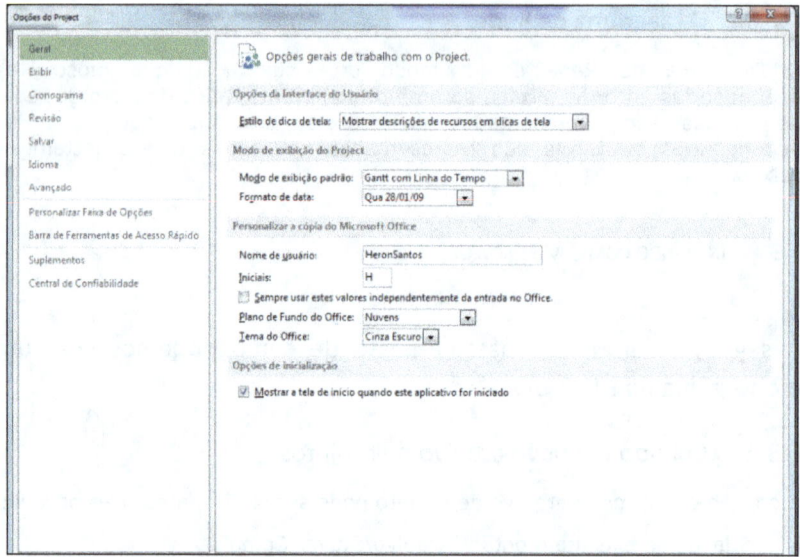

6.2 – Tela de configuração do MS Project

6.3.3 Calendários do projeto

Antes de trabalharmos os calendários no MS Project, é necessário termos uma consciência do que é um calendário e, principalmente, qual é a sua finalidade. De maneira simplificada, podemos dizer que um calendário tem a função de nos mostrar os dias nos quais devemos ou não trabalhar. Podemos também especificar a quantidade de horas trabalhadas nos dias estabelecidos. Assim, os calendários determinam como as tarefas serão agendadas, considerando o tempo da sua duração. Portanto, podemos definir calendário como nossa jornada de trabalho.

Sempre existirá um calendário associado ao projeto a quem, por definição inicial, dar-se-á o nome de "Calendário Padrão" (cabendo modificação). Podemos, ainda, associar calendários às atividades ou recursos específicos e, caso isso ocorra, devemos ter o cuidado de informar qual calendário a atividade deve seguir: o associado ao projeto, à tarefa ou ao recurso.

O MS Project já vem configurado com três calendários:

Elaboração e controle de Cronogramas

- Padrão: calendário-base que configura uma agenda de 8 horas diárias de trabalho, de segunda-feira a sexta-feira, no horário das 9h às 12h e das 13h às 18h.
- 24 Horas: configura uma agenda sem nenhum período de folga.
- Turno da noite: configura uma agenda de período noturno, de segunda a sábado, das 23h às 8h.

Novos calendários poderão ser criados, conforme a necessidade do projeto. Para alterar e/ou criar calendários, devemos utilizar a opção "projeto / Alterar período de trabalho".

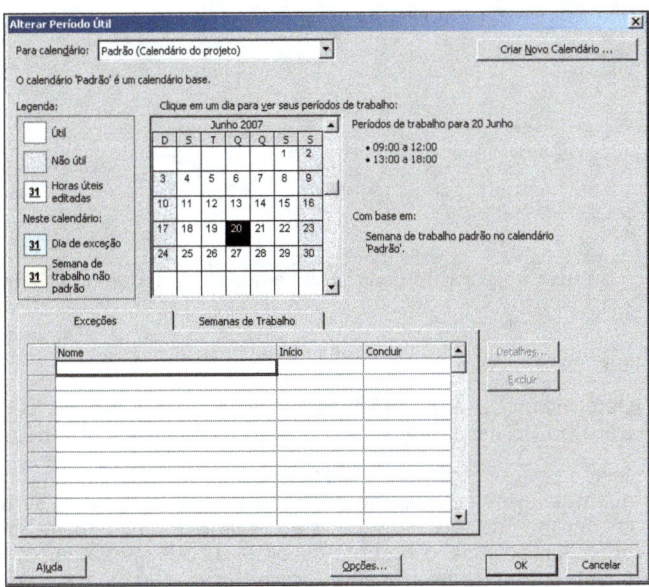

6.3 – Tela de configuração dos calendários no MS-Porject

Para alterar o calendário padrão ou qualquer outro calendário criado, utilizaremos a guia "Exceções", na qual inserimos um nome para a exceção e suas datas de início e término. As exceções vão determinar, por exemplo, os feriados ou jornadas de trabalho diferentes para um dia ou intervalo de dias.

Para o registro das exceções, devemos nomeá-las e informar suas datas de início e término. Em seguida, devemos selecionar a opção de Detalhes.

Elaboração e controle de Cronogramas

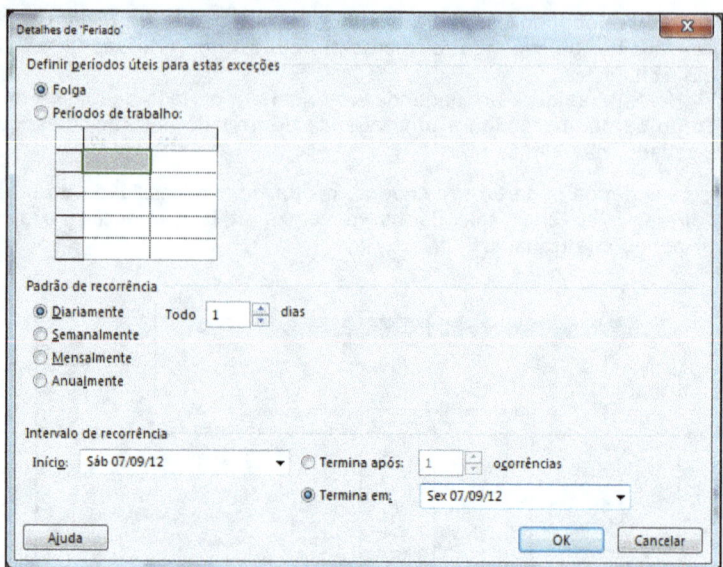

6.4 – Tela de configuração dos detalhes dos calendários no MS Project

Em detalhes, podemos:

- Determinar se a exceção se refere a uma folga ou período de trabalho (jornada de trabalho diferente do resto do calendário);

- Sendo uma exceção relacionada a um período de trabalho, informar quantas horas de trabalho estarão associadas aos dias de trabalho. O horário de trabalho a ser registrado não deve ser uma preocupação para o gerente de projeto. Devemos apenas informar quantas horas de trabalho ocorrerão por dia, e o horário de trabalho em si torna-se um encargo do departamento de recursos humanos. Portanto, no preenchimento dos detalhes, podemos informar qualquer horário de trabalho, desde que a soma de horas trabalhadas esteja correta. Outra dica importante é evitar modificar o horário de início (9h), pois isso pode provocar confusões quanto ao cálculo das horas de início e término das tarefas no cronograma;

- Se a periodicidade da exceção for diária, afetará todos os dias do intervalo. Se for semanal, podem ser escolhidos os dias da semana afetados; e

- Intervalo de dias a ser impactado pela exceção, podendo alterar as informações registradas anteriormente em sua criação.

Caso queira criar um calendário, selecione a opção "Criar Novo calendário", em "projeto / Alterar período de trabalho".

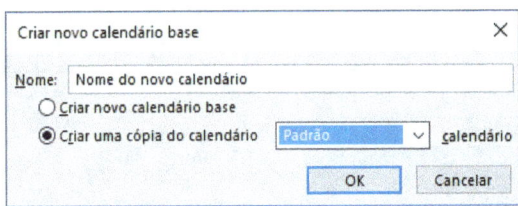

6.5 – Tela de criação de um novo calendário no MS Project

Para tanto:

- Dê um nome ao calendário; e
- Se o novo calendário deverá incorporar as exceções presentes em outro calendário já existente, opte por criar a partir de uma cópia. Se deve ser baseado no calendário base, opte por sem nenhuma exceção.

6.3.4   Alterando o calendário das atividades

Normalmente, todas as atividades de um projeto obedecem às configurações existentes no calendário associado (projeto / informações sobre o projeto), quanto aos horários diários de trabalho, feriados etc.

No entanto, podem existir situações nas quais seja necessário criar um calendário específico para determinada atividade ou grupos de atividades. Isso acontece quando, por exemplo, devido à existência de ruídos na execução da atividade, ela só pode ser executada no período da manhã.

Para registrarmos um calendário específico de uma atividade, é necessário primeiro criar um calendário. A associação da tarefa ao calendário específico é realizada na guia "Avançado", presente nas propriedades da tarefa.

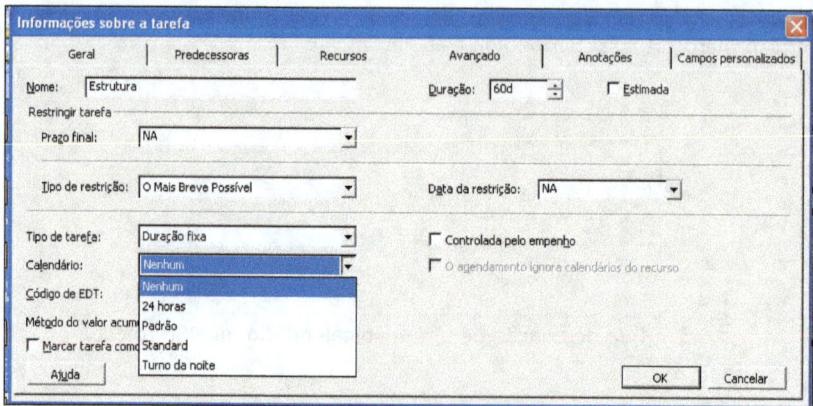

6.6 – Tela de detalhes das tarefas no MS Project

A mudança do calendário de determinada atividade promove alteração dos prazos do cronograma sem, no entanto, modificar o esforço para sua execução, ou seja, a coluna duração não modifica seus valores.

6.3.5 Informações iniciais do projeto

Logo após a criação de um novo arquivo de projeto no MS Project, é necessário informar os dados iniciais do projeto, tais como a data de início, o calendário do projeto etc.

Essa ação é realizada por meio da opção "projeto / Informações sobre o projeto".

Essas informações podem ser alteradas posteriormente, a qualquer momento, antes, é claro, da criação da linha de base do projeto (visto mais adiante).

Elaboração e controle de Cronogramas

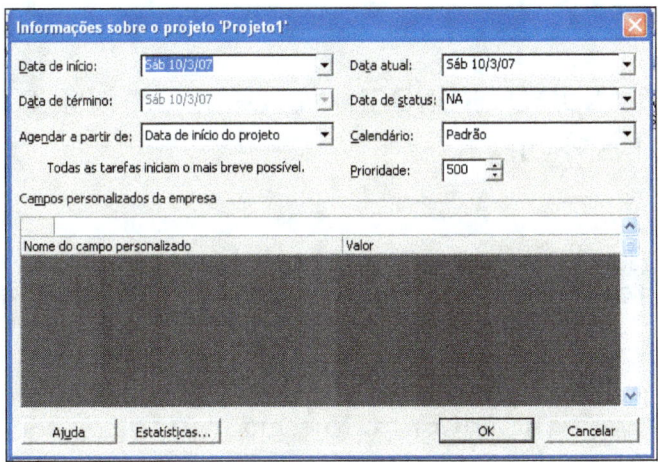

6.7 – Tela de informações do projeto no MS Project

7 CRIANDO O CRONOGRAMA DE MÉDIO PRAZO COM O MS PROJECT

A elaboração do cronograma de médio prazo do projeto pode ser iniciada com a migração da LB elaborada anteriormente ou não. Independentemente do procedimento a ser utilizado, faz-se necessário o conhecimento de diretrizes importantes que irão direcionar a qualidade final do cronograma.

7.1 Criando a Estrutura Analítica do Projeto

A Estrutura Analítica do projeto (EAP) é uma ferramenta presente na 6ª edição do PMBOK, na disciplina de gerenciamento de escopo. Ela é utilizada para configuração dos resultados do projeto diretamente relacionados aos seus objetivos, conforme a seguinte definição:

> "Um agrupamento dos elementos orientados ao produto do projeto que organiza e define o escopo global do projeto. Cada nível inferior representa uma definição crescentemente detalhada de um componente do projeto. Os componentes do projeto podem ser produtos ou serviços".

A EAP é a representação gráfica dos resultados do projeto. Ela é fundamental para a especificação e estimativa de recursos, tempo e custos, assim como montagem da equipe do projeto. A equipe deve ser composta por especialistas e os trabalhadores com seus papéis definidos em termos de autoridade e responsabilidade em cada atividade do projeto.

É uma prática comum chamarmos um item que não tem detalhamento (subitem) de "pacote de trabalho". Um modelo de EAP tradicional é representado pela Figura 7.1, que mostra o exemplo da construção de uma casa.

Elaboração e controle de Cronogramas

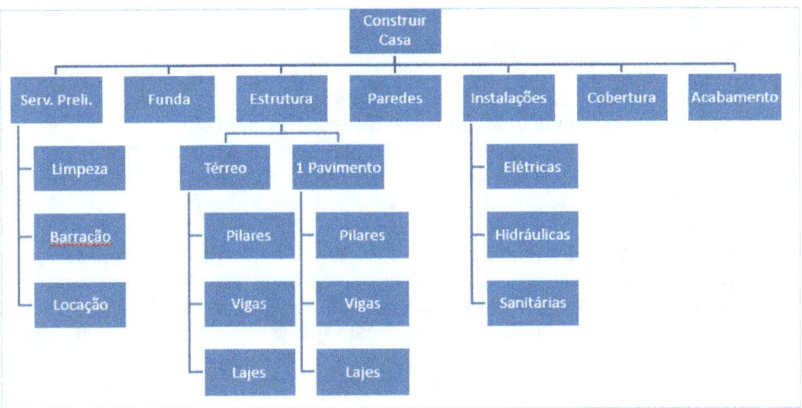

7.1 – Representação de uma EAP para a construção de uma casa (simplificada)

Não existe uma regra definida para construir uma EAP. Duas pessoas podem construir EAPs diferentes para um mesmo projeto. A diferença ocorre devido ao critério de decomposição utilizado. Contudo, independentemente do critério de decomposição escolhido, todos os "trabalhos" constituintes do projeto precisam estar listados ao final, representando a totalidade do escopo. Isso significa que a EAP deve conter 100% do trabalho definido no escopo do projeto e, ainda, deve capturar todas as entregas, sejam elas internas, externas ou intermediárias.

Em todos os níveis da hierarquia, essa regra deve ser utilizada para que a soma dos trabalhos em um nível inferior seja igual a 100% do trabalho representado pelo nível superior. De maneira análoga, a EAP não deve conter trabalho que esteja fora do escopo do projeto, ou seja, não pode haver mais de 100% de trabalho a ser entregue no projeto. Algumas boas práticas para a construção de uma EAP, incluem:

- Não se deve desmembrar um "pacote" em apenas um outro "pacote";
- Deve-se avaliar até que ponto o desmembramento de serviços em atividades menores melhora o acompanhamento do projeto. Uma prática comum é não desmembrar um item em subitens cujo tempo para execução seja menor que um dia (oito horas);
- A primeira versão da EAP deve ser a utilizada na elaboração do orçamento do projeto, assim temos uma mesma estrutura para orçamento e cronograma. Em termos práticos, usamos o cronograma de longo prazo como um espelho do orçamento, aceitando-se durações superiores a trinta dias. Seguindo a prática de refinamento sucessivo do planejamento, devemos fazer um detalhamento melhor dos pacotes de trabalho para o período futuro de dois a três meses, denominando-o

cronograma de médio prazo. Nesse caso, as durações máximas aceitas flutuam em um período de dez dias. Semanalmente, podemos fazer um detalhamento ainda maior e denominá-lo de planejamento de curto prazo. Uma prática comum é não desmembrar um item em subitens cujo tempo para execução seja menor que um dia (oito horas).
- Para serviços terceirizados, também deve-se fazer o desmembramento do "pacote" e é recomendável, sempre que possível, amarrar no contrato de prestação de serviço o encargo de fornecer a EAP ao contratante.
- Uma regra que devemos seguir é evitar a existência de nomes iguais entre os diversos itens da EAP. Essa regra se estenderá mais adiante para o registro das atividades do projeto. Em resumo, não podemos ter duas linhas no MS Project com a mesma descrição, embora o aplicativo permita isso.
- O último nível da EAP é chamado de Pacote de Trabalho e normalmente é decomposto em atividades.

O último item da EAP, chamado de pacote de trabalho, pode ser executado por meio de diversas atividades.

Para registrar os itens da EAP no MS Project, devemos fornecer a descrição de cada item na coluna "Nome da Tarefa" e definir sua organização hierárquica por meio de recuos para direita ou esquerda. Essa ação pode ser realizada pelos botões presentes no menu do MS Project, como exemplificado abaixo.

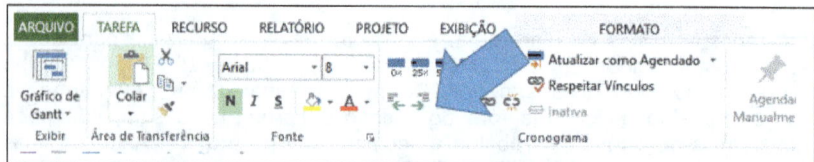

7.2 –Tela do MS Project, indicando o local para execução das setas de recuo ou avanço das tarefas

Nas figuras abaixo, temos exemplos de uma EAP simplificada para prédio de dois andares representadas em formatos diferentes.

Elaboração e controle de Cronogramas

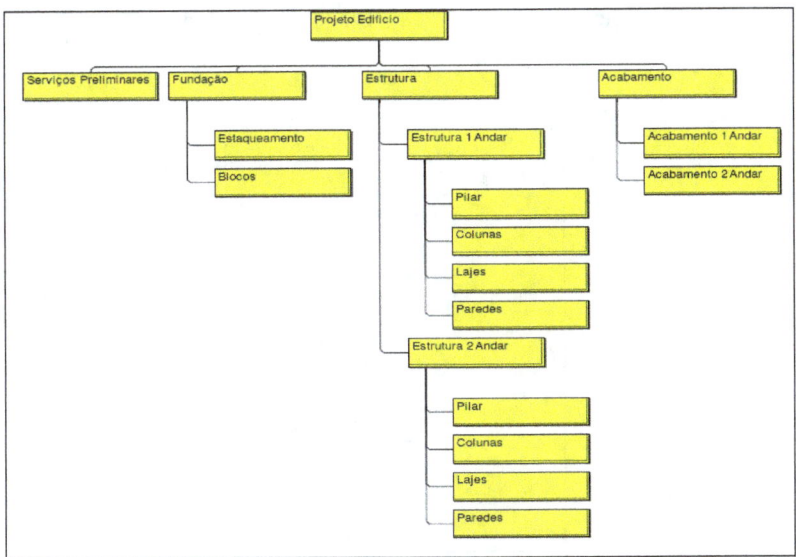

7.3 –EAP representada graficamento

Note que, na figura acima, existe um erro conceitual na construção da EAP no qual dois itens apresentam o mesmo nome. Abaixo, esse problema foi ajustado.

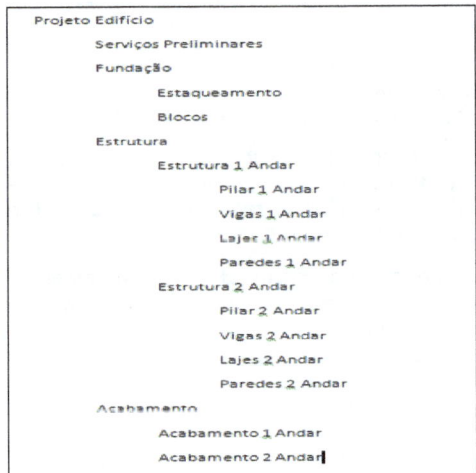

Elaboração e controle de Cronogramas

7.4 – Representação de uma EAP em formato de texto

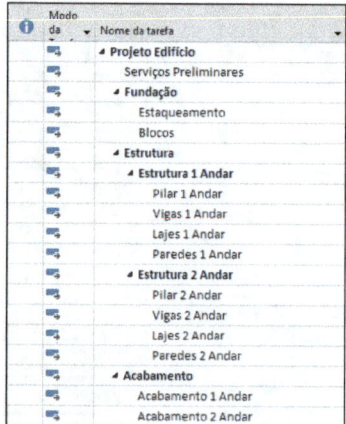

7.5 –Representação de uma EAP digitada no MS Project

7.2 REGISTRANDO AS ATIVIDADES

A criação das atividades de um projeto decorre da decomposição dos pacotes de trabalho da EAP (PMBOK 6ª Edição). Para cada item de menor nível da EAP, chamado de pacote de trabalho, devemos listar todas as atividades necessárias à sua execução e entrega, caso seja necessária essa decomposição.

Nesse momento, ainda não devemos nos preocupar com os recursos necessários à execução das tarefas, nem com o tempo necessário para a sua execução. Essas ações serão trabalhadas posteriormente.

No MS Project, o registro das atividades é realizado com a inserção de tarefas abaixo de cada item da EAP (pacote de trabalho). De maneira similar ao registro da EAP. Porém, há uma regra a ser seguida: o nome das tarefas deve sempre iniciar com um verbo no infinitivo.

Relembrando as melhores práticas do LPS, esse detalhamento normalmente é feito na elaboração do planejamento de médio prazo, considerando um horizonte de dois a três meses.

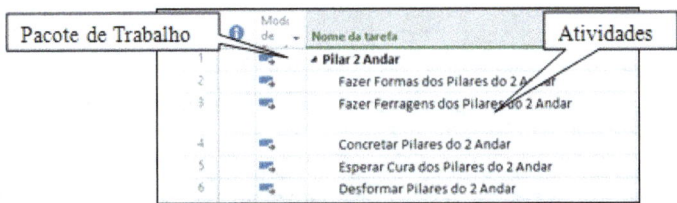

7.6 – Exemplo de registro de atividades:

7.2.1 Propriedade das atividades

Existem várias propriedades relacionadas aos pacotes de trabalho e às atividades que podem ser acessadas simplesmente clicando duas vezes na atividade. Muitas dessas propriedades serão trabalhadas neste livro.

Como primeira a ser trabalhada, podemos utilizar a guia de "Observações" para registrar, por exemplo, durante a fase de planejamento, o nosso dicionário da EAP ou cronograma. Já na fase de execução, podemos fazer um acompanhamento fotográfico da execução de cada tarefa.

Especificamente para a área de engenharia, essa guia é utilizada para registrar o memorial descritivo dos pacotes de trabalho ou atividades.

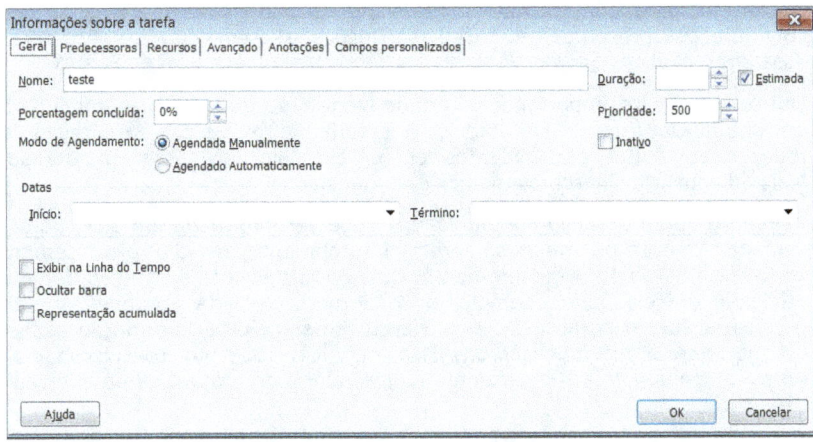

7.7 – Tela das informações das tarefas no MS Project

Elaboração e controle de Cronogramas

7.3 DURAÇÃO DAS ATIVIDADES

Para cada uma das atividades presentes no projeto, deve ser informado o tempo total necessário para a sua conclusão.

Nesse momento, um cuidado deve ser observado: não se pode informar durações de atividades resumo, ou seja, daquelas nas linhas do cronograma que possuam outras linhas (tarefas) com seu detalhamento. Essa ação é liberada pelas versões do MS Project 2010 em diante. Porém, caso seja utilizada, o modo da tarefa será alterado para "Manual" e o cronograma poderá ter cálculos errados na sua elaboração.

Devemos ter em mente que o tempo ou a duração de uma atividade não representam seu prazo. Somos induzidos a pensar dessa forma devido à nomeação das unidades de tempo utilizada pelos aplicativos, como dias, semanas e meses. Mas quando registramos uma atividade com duração de cinco dias, estamos informando que ela possui a previsão de ser executada em 40 horas, e que a quantidade de dias físicos será decorrente, por exemplo, do calendário a ela associado. Essa quantidade de horas previstas também não pode ser confundida com a quantidade de horas total de trabalho da tarefa e dos recursos associados, pois, no mesmo exemplo da tarefa de cinco dias, caso tenhamos duas pessoas alocadas, teríamos um tempo total de trabalho de oitenta horas.

Por padrão, o MS Project sempre multiplica as durações informadas pelas seguintes regras: "dia" multiplica por 8 horas, "semana" multiplica por 40h e "mês" multiplica por 160 horas. Essas regras podem ser modificadas nas configurações presentes em "Arquivos/Opções". Porém, sugiro nunca fazer essa alteração.

Outro item muito importante é termos ciência de que o tempo total para entrega de um item da EAP não é, necessariamente, a soma da duração de todas as atividades, pois podemos ter, por exemplo, atividades em paralelo. Mais adiante trabalharemos melhor essa questão.

Relembro que a duração das atividades pode ser informada em dias, horas, semanas, meses ou minutos. Porém, internamente, o MS Project sempre converterá essas durações em horas. Quando fornecemos a duração de uma atividade em dias, por exemplo, o MS Project converte automaticamente essa duração em horas e faz o seu arquivamento. Essa informação será a utilizada para a determinação das datas de início e término, considerando as horas de trabalho diárias presentes no calendário do projeto ou da atividade específica.

Quando informado que uma tarefa tem duração de zero dias, o MS Project entende que a tarefa corresponde a um marco.

Elaboração e controle de Cronogramas

Festa de 15 anos	2 dias?
Gerenciamento do Projeto	1 dia?
Preparação do Evento	2 dias?
Reunião para seleção de Tema, Data e Local	0,5 dias
Selecionar Pessoas envolvidas	4 hrs
Agendar reunião	1 hr
Fazer Reunião	4 hrs
Elaborar documento da reunião	2 hrs
Lista de convidados	1 dia
Preparar lista de convidados	1 dia
Aprovar lista de convidados	4 hrs
Definição limite orçamento	0,5 dias
Agendar data de reunião	1 hr
Fazer reunião	4 hrs
Contratação materiais e serviços	2 dias
Definir reunião de definição	1 dia
Preparar Lista de materias e serviços	2 dias
Fazer reunião	4 hrs
Elaborar documento final	4 hrs

7.8 – Registro das durações das tarefas no MS Project

Uma dúvida surge quando comparamos o trabalho de uma atividade com a sua duração. O trabalho de uma atividade sempre se refere à quantidade de horas de trabalho necessárias à sua execução e que estão diretamente relacionadas à quantidade de recursos do tipo trabalho (estudaremos esse item mais adiante). Por exemplo, se temos uma tarefa de dez dias (80 horas) e dois recursos tipo trabalho alocados à tarefa, considerando que os recursos irão trabalhar oito horas por dia, o valor do trabalho será de 160 horas.

7.3.1 Prazos diferentes para atividades com mesma duração

Um exemplo de que as informações presentes na coluna duração não se referem aos prazos e sim ao tempo (horas) de execução das tarefas pode ser demonstrado:

1. Criar um calendário com apenas quatro horas de trabalho diárias de segunda a sexta.

Elaboração e controle de Cronogramas

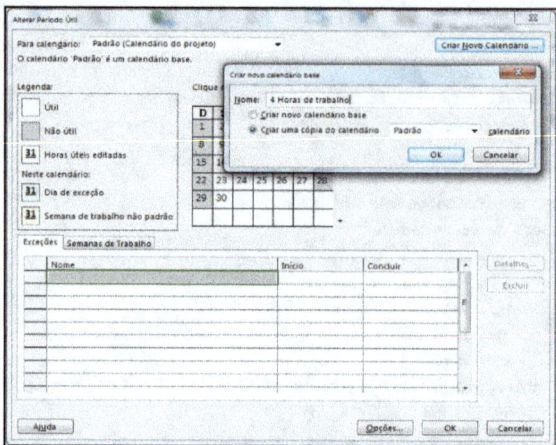
7.9 – Criação de um calendário no MS Project

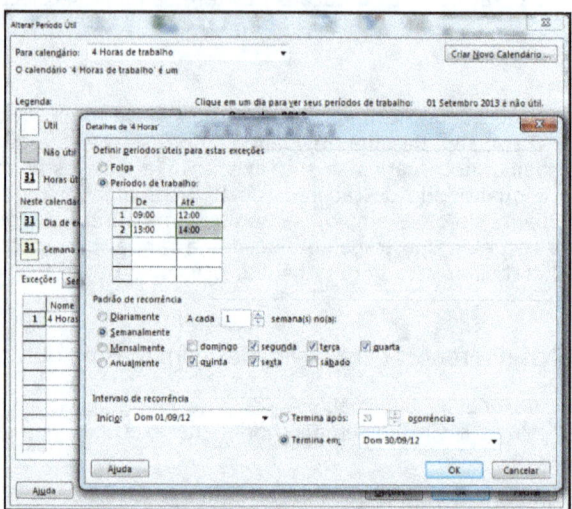
7.10 – Criação de uma exceção em novo calendário no MS Project

2. Criar duas tarefas, ambas com cinco dias, e associar o calendário criado anteriormente apenas a uma das tarefas.

Nome da tarefa	Duração		01/Ago/10	08/Ago/10
			S D S T Q Q S	S D S T Q Q S S
Atividade A	5 dias	S	▬▬▬	
Atividade B	5 dias	S	▬▬▬	

7.11 – Criação de uma duas tarefas na tela de Gráfico de Gantt

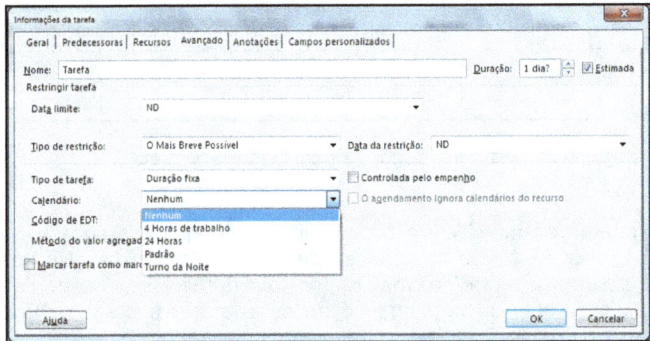

7.12 – Associação do novo calendário a tarefa B

Observar que, depois da associação do calendário criado, as durações continuam as mesmas. Porém, os prazos para conclusão das tarefas serão diferentes.

7.4 SEQUENCIAMENTO DAS ATIVIDADES

Para a execução de um projeto, normalmente haverá uma ordem de execução das atividades. Isso se deve principalmente a três fatores:

- Ordem natural de execução das tarefas. Fatores Mandatários;
- Execução de projetos anteriores direciona a uma melhor ordem de execução das tarefas. Fatores Discretos; e
- Forças externas ao contrato forçam a um determinado sequenciamento na execução das tarefas.

Os softwares de cronogramas e, consequentemente, o MS Project, trabalham esses motivos utilizando quatro tipos de ligações.

7.4.1 Ligações do tipo Término-início (TI)

Este tipo de ligação é o mais comum nos cronogramas e tem como base a premissa de que uma próxima atividade só inicia quando a anterior termina. No MS Project, basta colocar o número da atividade A na coluna Predecessora da atividade B, como visto abaixo:

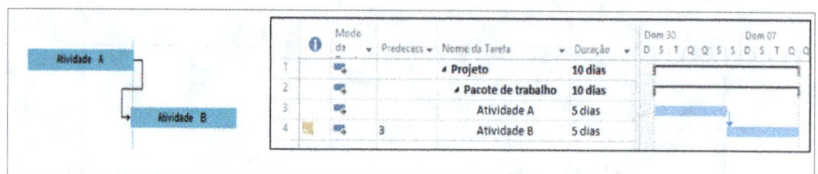

7.13 – Ligações tipo TI no MS Project

Quando digitamos no MS Project o número da predecessora e o tipo da ligação TI, nota-se que a informação de TI será "apagada". Na verdade, o MS Project suprime essa informação por considerar esse tipo de ligação um padrão do software, ou seja, não é necessária sua digitação. No exemplo acima, bastaria digitar o número 3 na coluna de predecessora.

7.4.2 Ligações do tipo Término-início (II)

Este tipo de ligação tem como base a premissa de que a atividade posterior deverá iniciar simultaneamente à atividade anterior. No MS Project, basta colocar o número da predecessora da atividade B na coluna Predecessora. Ex.: 4 II

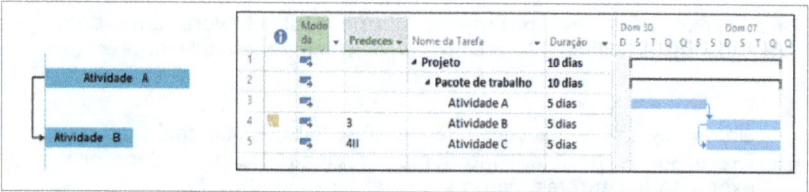

7.14 – Ligações tipo II no MS Project

7.4.3 Ligações do tipo Termino-Termino (TT)

Este tipo de ligação tem como base a premissa de que a atividade posterior deve terminar simultaneamente à atividade anterior. No MS Project, basta colocar o número da predecessora da atividade B na coluna Predecessora informando o tipo TT. Ex.: 4 TT

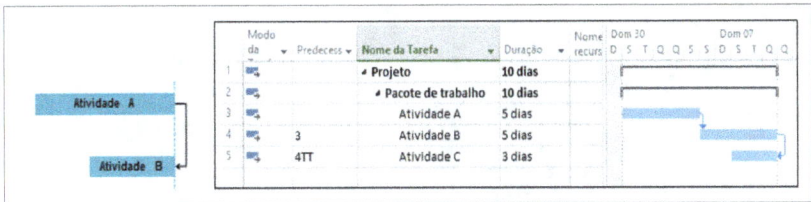

7.15 – Ligações tipo TT no MS Project

7.4.4 Início-Término – IT: A anterior tem que iniciar para a posterior terminar

Melhor não utilizar este tipo de ligação, pois requer um conhecimento mais profundo de elaboração de cronogramas.

O sequenciamento de execução das tarefas pode ser feito com o preenchimento da coluna "Predecessora" na tabela "Entrada". O tipo de relacionamento padrão utilizado é o TI. Mas, se quisermos alterar esse tipo de relacionamento, basta digitar o tipo desejado (II ou TT, não é aconselhável o uso do tipo IT). Caso você tenha dúvidas, pode trabalhar com as propriedades da tarefa (duplo clique na linha da tarefa) na guia "Predecessoras".

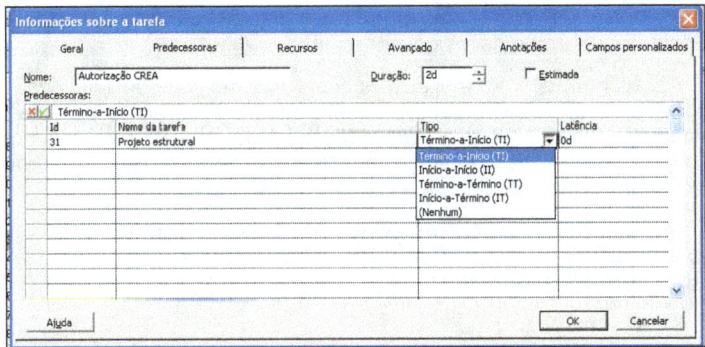

7.16 –Guia predecessoras na tela de informações da tarefa no MS Project

Elaboração e controle de Cronogramas

	Nome	Duração	Predecessoras
1	⊟ Festa de 15 anos	5 dias?	
2	Gerenciamento do Projeto	1 dia?	
3	⊟ Preparação do Evento	5 dias?	
4	⊟ Reunião para seleção de Tema, Data e Local	1,38 dias	
5	Selecionar Pessoas envolvidas	4 hrs	
6	Agendar reunião	1 hr	5
7	Fazer Reunião	4 hrs	6
8	Elaborar documento da reunião	2 hrs	7
9	⊟ Lista de convidados	1,5 dias	
10	Preparar lista de convidados	1 dia	
11	Aprovar lista de convidados	4 hrs	10
12	⊟ Definição limite orçamento	0,63 dias	
13	Agendar data de reunião	1 hr	4
14	Fazer reunião	4 hrs	13
15	⊟ Contratação materiais e serviços	3 dias	
16	Definir reunião de definição	1 dia	4;12
17	Preparar Lista de materias e serviços	2 dias	4;12
18	Fazer reunião	4 hrs	17
19	Elaborar documento final	4 hrs	18

7.17 –Coluna predecessoras na tabela de entrada do MS Project

7.5 RETARDO OU ADIANTAMENTO DAS ATIVIDADES

Em um projeto, podem surgir situações nas quais teremos que executar uma tarefa antes do término de sua predecessora, mesmo que, normalmente, ela devesse ser executada somente depois de sua conclusão (ligação tipo TI) por exemplo: fazer o emassamento das paredes, antes do término do reboco do teto. Nesses casos, percebemos a existência dos paralelismos de execução de tarefas. Isso geralmente ocorre quando precisamos promover uma antecipação no término da execução do projeto. Mas fica claro que o paralelismo de atividades, antes programadas em sequência, aumenta os riscos de retrabalho.

Outra situação que, com certeza, poderemos ter que incluir em nossos cronogramas é a necessidade de alterar o momento de início de uma tarefa para algum momento depois da predecessora. Nesse caso, falamos que existirá retardo na execução. Um exemplo disso seria a retirada do emassamento da parede após a execução do reboco.

Essas antecipações ou retardamentos de tarefas normalmente ocorrem devido às restrições de recursos ou situações impostas pela própria natureza das atividades. Mais exemplos:

- Retardamentos:

Elaboração e controle de Cronogramas

- Tempo de espera para cura de uma laje;
- Tempo de espera para liberação de um recurso; e
- Tempo de espera para homologação de um produto pelo cliente.

- Adiantamentos:

    - Antecipação da execução na tentativa de diminuir o prazo total do projeto.

Para executar isso no MS Project, podemos optar pelo recurso de "Latência" nas propriedades da tarefa (figura abaixo), presentes na guia "Predecessores", ou digitar xx+Ndias ou xx-Ndias ao inserir as predecessoras. "xx" se refere ao tipo de ligação (TI, II ou TT) e "N" se refere à quantidade de dias úteis desejados. Caso queira trabalhar com dias corridos, deve-se registrar como "dd", por exemplo: 15ti+15dd.

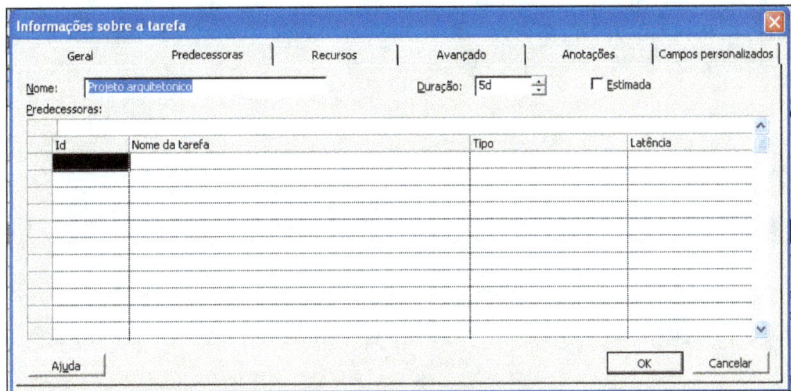

7.18 – Guia para registro das predecessoras na tela de informações das tarefas no MS Project.

Em gerenciamento de projetos, tratamos os retardamentos também como folgas (*slack*), que podem ser subdivididas em folgas livres (*free slack*) e folgas totais (*total slack*). Folgas livres são o tempo disponível para atraso de uma tarefa sem que isso impacte no atraso de sua tarefa sucessora. Folga total é o tempo disponível para atrasar uma tarefa sem que isso impacte no atraso do projeto. No MS Project, essas informações estão previstas nos campos (colunas) de Margem de Atraso Permitida e Margem de Atraso Total.

Elaboração e controle de Cronogramas

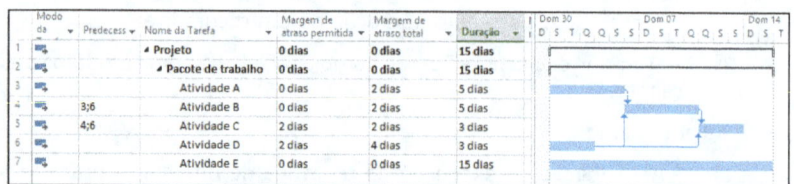

7.19 – Colunas de Margem de atraso total e permitida no MS Project

7.5.1 Retardamento nas ligações do tipo Término-início (TI)

Pode surgir a necessidade de promover uma espera entre o término da atividade A (concretagem, por exemplo) e a atividade B (desforma). Nesse caso, utilizamos uma variação desse tipo de ligação. No MS Project, basta colocar o número da predecessora da atividade B na coluna Predecessora, acrescido do tempo de espera necessário. Por exemplo: "3ti+3d". Caso deseje especificar a espera em dias corridos (cura do concreto, por exemplo), informe como 3ti+3dd.

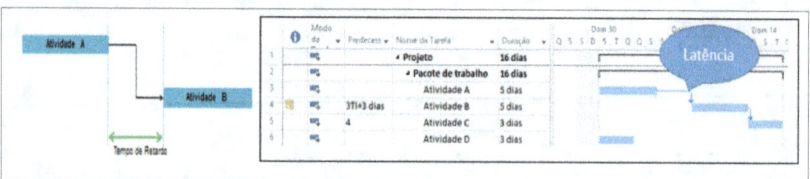

7.20 – Registro de tempos de espera (retardamento) em ligações do tipo TI no MS Project

7.5.2 Retardamento em ligações do tipo Término-início (II)

Pode surgir a necessidade de promover uma espera entre o início da atividade A (limpeza do terreno, por exemplo) e a atividade B (remoção entulhos). Nesse caso, utilizamos uma variação desse tipo de ligação. No MS Project, basta colocar o número da predecessora da atividade B na coluna Predecessora e indicar a diferença de tempo a ser realizada. Por exemplo: 3ii+3d. Caso deseje especificar o tempo de espera em dias corridos, informe como 3ii+3dd.

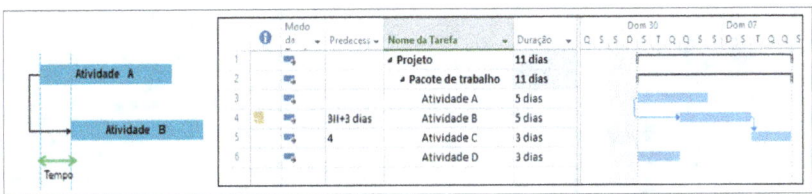

7.21 – Registro de tempos de espera (retardamento) em ligações do tipo II no MS Project

7.5.3 Retardamento em ligações do tipo Término-Término (TT)

Pode surgir a necessidade de promover uma espera entre o término da atividade A (limpeza do terreno, por exemplo) e a atividade B (remoção entulhos). Nesse caso, utilizamos uma variação desse tipo de ligação. No MS Project, basta colocar o número da predecessora da atividade B na coluna Predecessora, informando o tipo TT e indicar a diferença de tempo necessária. Por exemplo: 3tt+3d. Caso deseje especificar o tempo de espera em dias corridos, informe como 3tt+3dd.

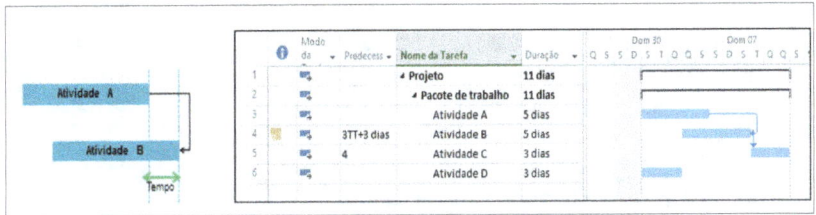

7.22 – Registro de tempos de espera (retardamento) em ligações do tipo TT no MS Project

7.5.4 Antecipações em ligações do tipo Término-início (TI)

Pode surgir a necessidade de promover uma antecipação no tempo entre o término da atividade A (limpeza do terreno, por exemplo) e a atividade B (remoção entulhos). Nesse caso, utilizamos uma variação desse tipo de ligação. No MS Project, basta colocar o número da predecessora da atividade B na coluna Predecessora, acrescido do tempo de antecipação necessário. Por exemplo: 4TI-3d. Caso deseje especificar o tempo de antecipação em dias corridos, informe como 4ti-3dd.

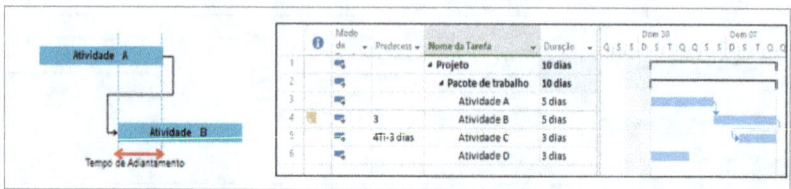

7.23 – Registro de tempos de antecipação em ligações do tipo TI no MS Project

7.5.5 Antecipações em ligações do tipo Término-início (II)

Pode surgir a necessidade de antecipar o tempo entre o início da atividade A (arrumar a sala, por exemplo) e a atividade B (limpar a sala). Nesse caso, utilizamos uma variação desse tipo de ligação. No MS Project, basta colocar o número da predecessora da atividade B na coluna Predecessora. Por exemplo: 4ii-3d. Caso deseje especificar o tempo de antecipação em dias corridos, informe como 4ii-3dd.

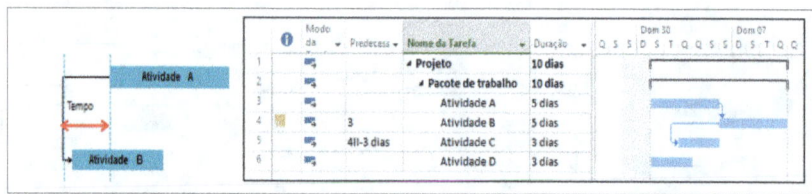

7.24 – Registro de tempos de antecipação em ligações do tipo II no MS Project

7.5.6 Antecipações em ligações do tipo Término-Término (TT)

Pode surgir a necessidade de antecipar o tempo entre o término da atividade A (arrumar a sala, por exemplo) e a atividade B (limpar a sala). Nesse caso, utilizamos uma variação desse tipo de ligação. No MS Project, basta colocar o número da predecessora da atividade B na coluna Predecessora, informando o tipo TT e indicar a diferença de tempo necessária. Por exemplo: 4TT-3d. Caso deseje especificar o tempo de antecipação em dias corridos, informe como 4tt-3dd.

Elaboração e controle de Cronogramas

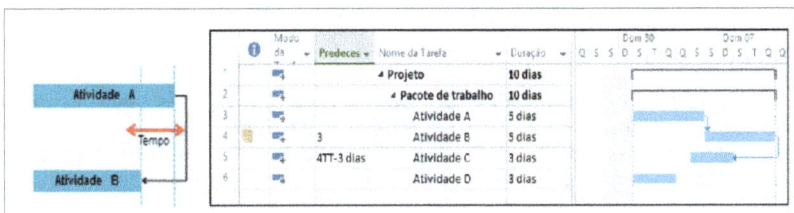

7.25 – Registro de tempos de antecipação em ligações do tipo TT no MS Project

7.6 ENTENDENDO OS TEMPOS DE RETARDAMENTO E ESPERA

Diferentemente do que muitos usuários do MS Project entendem, os valores informados para retardamento e antecipações são interpretados pelo software em horas e não como prazos. Eles serão convertidos da mesma forma que a coluna duração é convertida em horas, como já detalhamos anteriormente. Assim, quando informamos que haverá uma espera de 5 dias entre duas tarefas, isso não significa que serão 5 dias físicos, pois o quantitativo de dias físicos será bem maior caso o calendário do projeto esteja trabalhando com uma quantidade de horas diferente de 8 horas diárias, ou que também existam feriados e fins de semana no período. O contrário também pode ser observado, caso o calendário trabalhe com uma quantidade de 16 horas diárias, por exemplo. Assim, o quantitativo de dias físicos será bem menor.

Se as antecipações ou retardamentos forem informadas em "dd", "semd" ou "mesd", o problema aqui retratado não se aplica.

Vamos analisar o exemplo abaixo. A tarefa de "Desformar" está associada a um calendário que tem as quartas e quintas como feriados em todas as semanas. Logo, a quantidade de dias que o MS Project calculará para iniciar a tarefa de desformar não é a informada na coluna predecessoras (TI+5dias).

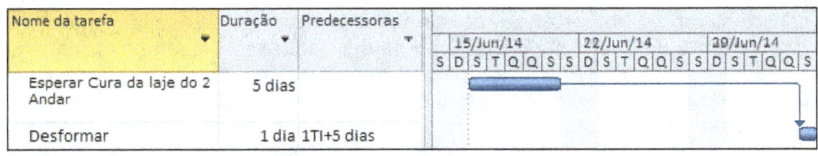

7.26 – Tempo de espera no MS Project

Elaboração e controle de Cronogramas

7.7 VISUALIZANDO O CRONOGRAMA DO PROJETO

Após o fornecimento da EAP do projeto, das atividades necessárias à entrega dos produtos (pacotes de trabalho), da duração dessas atividades, da definição das predecessoras e dos ajustes via retardamentos ou adiamentos, teremos condições de visualizar o cronograma do projeto.

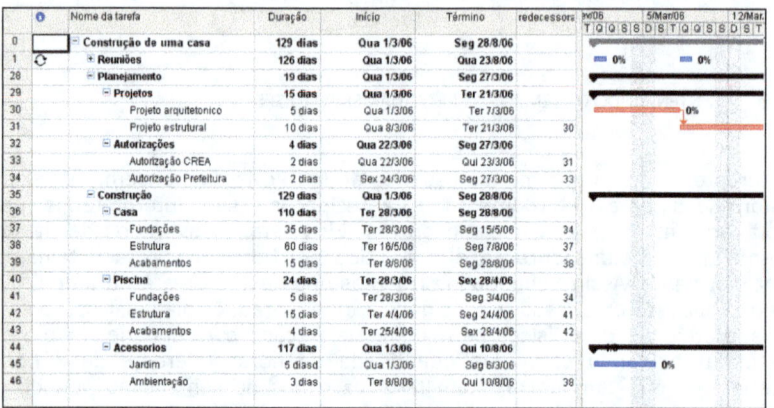

7.27 - A visualização através das visões "Gantt de controle" no MS Project

O Gráfico de Gantt, ou Gantt de controle, permite a visualização temporal e o acompanhamento de tarefas, além de permitir a visualização rápida do caminho crítico.

Uma informação importante no gráfico de Gantt de Controle é o caminho crítico do projeto. Por definição, esse é o maior caminho para a execução do projeto, ou a sequência de atividades com folga zero.

A diferença entre Gantt de controle e Gráfico de Gantt é que o primeiro já traz configurada a apresentação do caminho Crítico.

Quando o assunto é o prazo das atividades ou de um projeto, devemos nos conscientizar da importância do caminho crítico, encarando-o como uma grande fonte de dados para a tomada de decisão. Assim, podemos promover a redução de perdas financeiras; por exemplo, quando quisermos antecipar o prazo do projeto, podemos aumentar a jornada de trabalho nas atividades, mas somente naquelas que estiverem no caminho crítico. Outro exemplo é quando estamos na fase de execução e, porventura, o projeto se encontra atrasado. Nesse caso, somente para as atividades do caminho crítico deveriam ser programadas horas extras.

Elaboração e controle de Cronogramas

7.8 RESTRIÇÕES DO PROJETO

Todo e qualquer projeto está sujeito a restrições no seu acompanhamento. Normalmente, essas restrições estão relacionadas ao prazo de execução, ao custo do projeto ou, até mesmo, à sua qualidade.

O MS Project permite o registro e a consequente avaliação do impacto das restrições relativas ao prazo, que podem estar associadas tanto ao projeto geral quanto a algumas atividades específicas do projeto.

Para registrarmos as restrições no MS Project, utilizaremos a guia "Avançado", nas propriedades da tarefa.

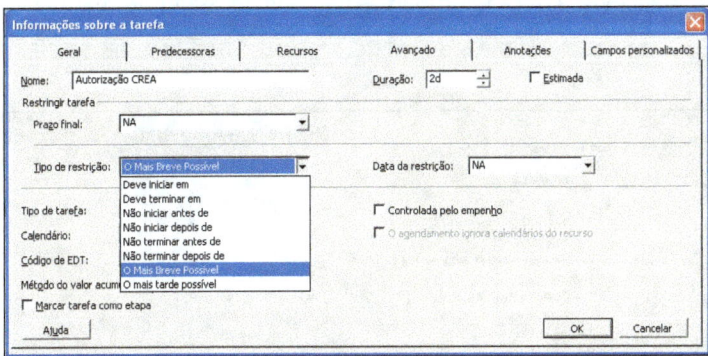

7.28– Guia Avançado em Informações das tarefas no MS Project

Uma dica importante para a elaboração de bons cronogramas é não utilizar essa funcionalidade, pois ela pode prejudicar o cálculo e a exibição do caminho crítico do projeto, umas das informações mais importantes do cronograma.

7.9 METAS, MARCOS OU MILESTONE

Durante o planejamento de um projeto, podemos prever as entregas de produtos em determinadas datas fixas ou criar ações que marcarão o início de uma fase e, a partir disso, definir o início da fase seguinte.

Normalmente, essas ações (marcos) podem não envolver o planejamento de duração para a sua execução ou de recursos.

Elaboração e controle de Cronogramas

Essas tarefas são conhecidas como marcos, metas ou *milestones;* e quando criadas e registradas no MS Project, informamos sua duração como 0 (zero).

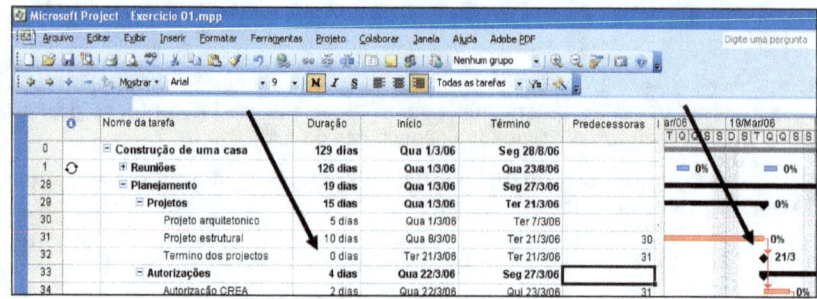

7.29 - Visualização dos marcos na visão de "Gantt de controle"

7.30 - Visualização dos marcos com utilização de filtros

7.10 MODOS DE VISÃO E TABELAS

O MS Project é capaz de armazenar uma grande quantidade de informações que, muitas vezes, podem até prejudicar o entendimento do projeto. De maneira comparativa, podemos pensá-lo como uma grande planilha do Excel, com várias colunas. Assim, quando ocultamos uma coluna, não significa que "apagamos" as suas informações, elas apenas estarão ocultas.

Para facilitar a utilização do programa, ele se divide em diversos modos de visão. Cada um desses modos é direcionado ao tratamento de um determinado conjunto de informações, que podem ser exibidas na Barra de Modos ou acessando o menu Exibir.

Basicamente, existem dois tipos de visão:

Elaboração e controle de Cronogramas

- As que apresentam somente informações gráficas como, por exemplo, a visão de "Diagrama de rede"; e
- As que apresentam informações gráficas e colunas de dados como, por exemplo, o Gráfico de Gantt. Nesse caso, falamos que a visão tem Tabelas associadas que podem ser visualizadas na guia "Exibição".

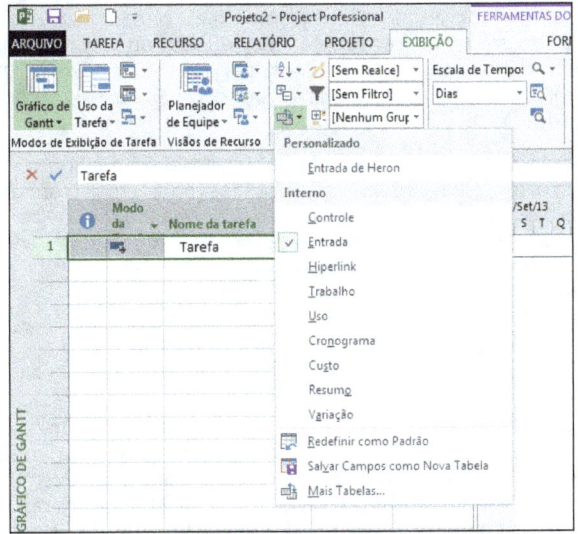

7.31 - Visualização dos filtros no MS Project

8 MELHORES PRÁTICAS PARA A CONSTRUÇÃO DE CRONOGRAMAS

Embora todos os softwares permitam o registro de tempos de espera e antecipação, ou seja, a latência no MS Project, as melhores práticas de elaboração de cronogramas não recomendam o seu uso. Muitas dessas melhores práticas estão presentes na edição do Project Management Institute Inc., intitulada *Practice Standard for Scheduling* (2007), assim como na publicação *The Last Planner Production System Workbook* do Lean Construction Institute.

Neste capítulo, exploraremos algumas dessas melhores práticas e discutiremos como elas podem ser aplicadas para criar cronogramas mais eficazes e precisos. Analisaremos as razões pelas quais evitar tempos de espera e antecipação pode melhorar a confiabilidade dos cronogramas e como isso contribui para o sucesso do projeto.

8.1 NÃO UTILIZAÇÃO DE TEMPO DE ESPERA NO SEQUENCIAMENTO TI

Atualmente, sabemos que, quando encontramos sequenciamentos TI com a presença de tempos de espera (TI+4 dias, por exemplo), há um forte indício de que o detalhamento das atividades foi esquecido. Por exemplo, entre as atividades de assinatura do contrato e o início da obra, geralmente inserimos um tempo de espera em decorrência da necessidade de mobilização de recursos, transporte de equipamentos etc. Mas o correto seria inserir essas atividades no cronograma e sequenciá-las normalmente, sem tempos de espera.

Outro equívoco pode ocorrer quando queremos informar um tempo fixo de espera em dias entre duas atividades, como por exemplo 5TI+10 dias, considerando que a atividade A é a concretagem de uma laje e a atividade B é a retirada do escoramento (figura abaixo). Podemos ser levados a pensar que, 10 dias após a conclusão da atividade predecessora, sua sucessora irá iniciar. Porém, estamos informando, na verdade, que a atividade sucessora deverá ter seu início programado para 80 horas após a conclusão da atividade A, desde que respeitado o calendário do projeto.

Isso poderá causar erros quando quisermos, por exemplo, registrar o tempo de cura de uma laje, pois forneceríamos 20 dias, mas, fisicamente, teríamos quase um mês de espera devido aos sábados, domingos e feriados. Nesse caso, é melhor informar em dias corridos, colocando o tempo de espera como 5TI+10dd (dois "Ds"). Esse recurso também poderá ser utilizado no fornecimento do tempo das tarefas, quando o MS Project irá considerá-lo em dias corridos. Veja o exemplo abaixo:

Elaboração e controle de Cronogramas

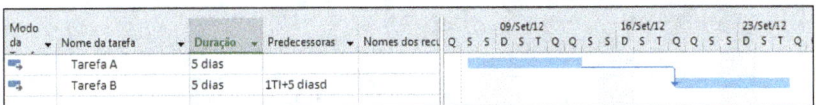

8.1 – Tempos de esperas em dias corridos no MS Project

8.2 NÃO UTILIZAÇÃO DE TEMPO DE ESPERA/ANTECIPAÇÃO INFORMADA EM DIAS (HORAS)

Quando informamos o tempo de espera ou antecipação em dias, horas, semanas ou meses, verificamos que o MS Project utiliza o calendário para determinar quantos dias físicos serão respeitados entre as tarefas. Porém, um outro erro poderá ocorrer. Imaginemos duas tarefas, como no exemplo a seguir:

No cenário inicial, os tempos da primeira e segunda atividades são os mesmos, para os quais teremos o seguinte sequenciamento:

8.2 – Tempos de antecipação no MS Project

No segundo cenário, o tempo da primeira atividade foi reduzido devido ao deslocamento de mais pessoas para a sua execução. Assim, teríamos a seguinte situação:

8.3 – Tempos de antecipação no MS Project

Pense, isso realmente pode ocorrer? Poderá a atividade B iniciar antes do início da atividade A?

Elaboração e controle de Cronogramas

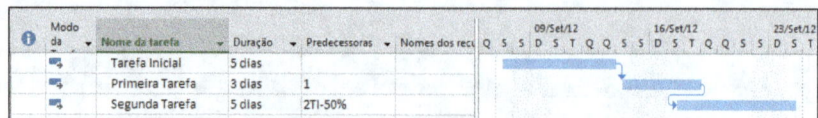

8.4 – Tempos de antecipação no MS Project

As melhores práticas de construção de cronogramas sugerem que devemos evitar esse tipo de ligação, substituindo-a por uma ligação do tipo TI, sem tempo de antecipação. Para que isso ocorra, a solução é dividir a tarefa predecessora em duas, ligando a sucessora ao fim da primeira tarefa, como exemplificado abaixo.

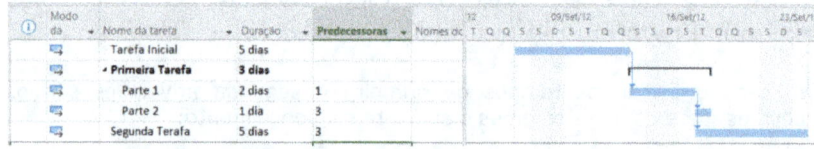

8.5 – Divisão de tarefas para ajuste das predecessoras

8.3 NÃO UTILIZAÇÃO DE TEMPO DE ESPERA NO SEQUENCIAMENTO SS.

Uma prática comum na construção de cronogramas é a utilização de tempos de espera nos sequenciamentos SS, como mostrado na figura a seguir.

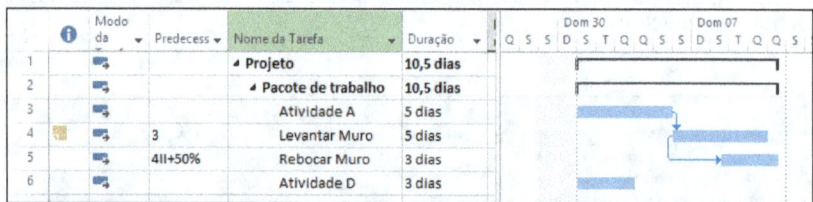

8.6 – Tempos de espera em % em relacionamentos II no MS Project

Acreditamos, por exemplo, que o início do reboco do muro estará programado para quando alcançarmos 50% do seu levantamento. Porém, o que o software entende é que, após decorridos 50% do tempo da tarefa "Levantar Muro", devemos iniciar a tarefa "Rebocar Muro", o que não necessariamente significa que estaremos com 50% do muro levantado. Para resolver esse tipo de problema, o melhor seria dividirmos as tarefas predecessoras em duas, como mostrado a seguir:

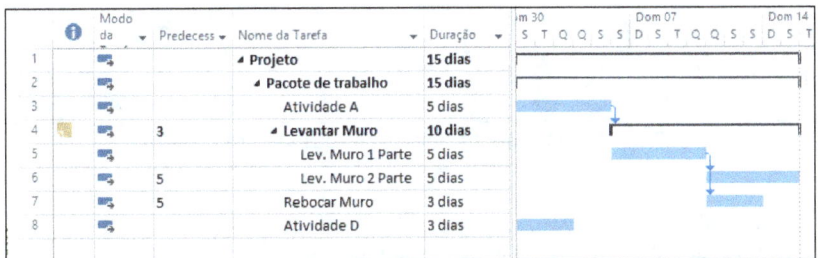

8.7 – Divisão da tarefa para eliminação dos tempos de espera em % em relacionamentos II no MS Project

8.4 DURAÇÃO MÁXIMA DAS ATIVIDADES

Uma regra que devemos seguir refere-se à duração máxima de uma atividade no cronograma. Quando estamos elaborando um cronograma de longo prazo, normalmente com base na EAP do orçamento, podemos utilizar durações superiores a 30 dias, pois um produto a ser entregue entre um e dois anos após o início da obra poderá ter seu modo construtivo alterado. Por isso, se nos preocupássemos em detalhar todas as tarefas, certamente estaríamos propensos a realizar um retrabalho futuro.

Já quando criamos um cronograma de médio prazo, ou seja, detalhando melhor as atividades em um horizonte de 2 ou 3 meses, as boas práticas sugerem que a duração máxima de uma atividade seja o dobro do tempo de controle do cronograma, isto é, se atualizarmos o cronograma toda semana, a duração máxima das atividades seria de 10 dias.

8.5 ENTENDENDO A DURAÇÃO TOTAL DO PROJETO

Quando concluímos o cronograma, deparamo-nos com a duração total do projeto. Essa informação precisa ser muito bem compreendida. Assim, podemos evitar erros de comunicação que comprometeriam a confiabilidade do projeto.

Analisemos, abaixo, um pequeno exemplo:

Elaboração e controle de Cronogramas

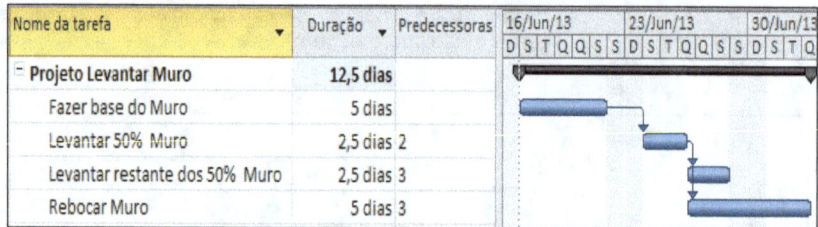

8.8 – Entendimento do tempo total de um projeto

Nesse exemplo, vemos que a duração total do projeto é de 12,5 dias. Porém, o que exatamente significa essa informação?

1. De imediato, podemos pensar que se refere à quantidade de dias necessários para a execução do projeto. Contudo, vemos que, da data de início até a data de término, decorrem 17 dias.

2. Podemos pensar, então, que se refere à quantidade de dias úteis necessários para a execução do projeto. Porém, se modificarmos o calendário do projeto para trabalhar com 12 horas diárias de segunda a sexta, vemos que, da data de início até a data de término, decorrem 11 dias. Veja o exemplo abaixo:

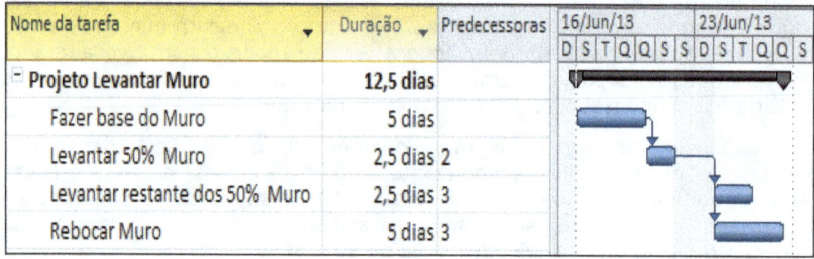

8.9 – ENTENDIMENTO DO TEMPO TOTAL DE UM PROJETO

A informação que o MS Project nos dá na coluna duração se refere à quantidade de horas necessárias para a execução do projeto. Porém, o cálculo considera a diferença dos dias de trabalho entre a data de início e a data de término do projeto, uma informação simplória para o usuário leigo no MS Project. Para falar a verdade, até para os usuários experientes, essa informação é um pouco equivocada.

Portanto, cuidado ao informar que a duração total do projeto é o valor da coluna "duração". Mesmo que se diga: "é a duração em dias úteis", caso o calendário esteja com alguns dias com um horário de trabalho diferente de 8 horas, essa informação estará errada.

8.10 Verificação das sucessoras das tarefas

Uma informação que, muitas vezes, deixa de ser analisada é a verificação das sucessoras das tarefas.

Quando inserimos as predecessoras das tarefas, informamos ao MS Project quais tarefas "empurram" outra tarefa. Porém, quando informamos todas as predecessoras das tarefas, não necessariamente estamos preenchendo de forma correta a coluna de sucessoras. Você deve interpretar a coluna de sucessoras como as tarefas que são "empurradas" por uma determinada tarefa.

Vamos analisar a figura abaixo.

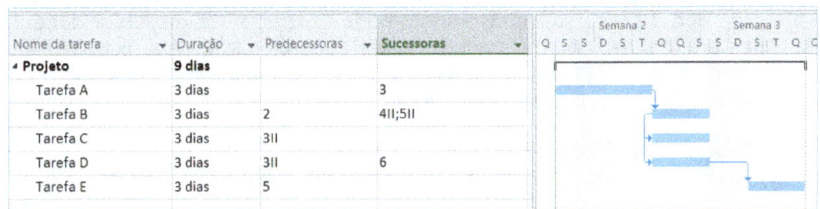

8.10 – projeto contendo as informações de predecessoras e sucessoras

Veja que informamos as predecessoras de todas as tarefas. Porém, note que a tarefa C não possui sucessora. Isso significa que ela não atrasa outras tarefas, mesmo que seja executada em mais de 3 dias. Contudo, isso pode não refletir a "verdade" do planejamento.

Uma boa prática na construção de cronogramas é que as únicas tarefas que não necessitam de predecessoras são aquelas que iniciam o projeto. Já as únicas tarefas que não necessitam de sucessoras são as que terminam os projetos. As demais sempre deverão ter sucessoras e predecessoras.

9 RECURSOS

Na definição de projetos, para a execução das tarefas, sempre haverá a necessidade de alocação de recursos, sejam eles humanos, materiais ou financeiros. Assim, a utilização desses recursos deve ser bem planejada.

Podemos afirmar que toda atividade de um projeto necessita de recursos para ser executada. A única exceção são as atividades do tipo "Marco".

9.1 Registrando os recursos

O MS Project, em sua versão 2021, trabalha com três tipos de recursos:

- Recursos Trabalho: são todos os recursos baseados no tempo como fator de custo, tais como mão de obra e aluguel de equipamentos. Para esse tipo de recurso, o MS Project pode controlar sua disponibilidade e, posteriormente, indicar uma possível superalocação. Aos recursos do tipo trabalho, podemos ainda associar calendários diferentes dos calendários do projeto e da atividade.

- Recursos Materiais: não utilizam hora extra e grupo de trabalho. Para eles, não se pode especificar disponibilidade. Não utilizam calendários.

- Recursos custos: podem ser utilizados para associar serviços aos custos fixos. Porém, podem prejudicar o cálculo do valor agregado.

Antes de relacionarmos os recursos necessários à execução de cada tarefa, teremos que registrá-los no MS Project. Isso é feito por meio da visão "Planilha de recursos", acessada na aba "Tarefas/Gráfico de Gantt/Planilha de recursos".

Elaboração e controle de Cronogramas

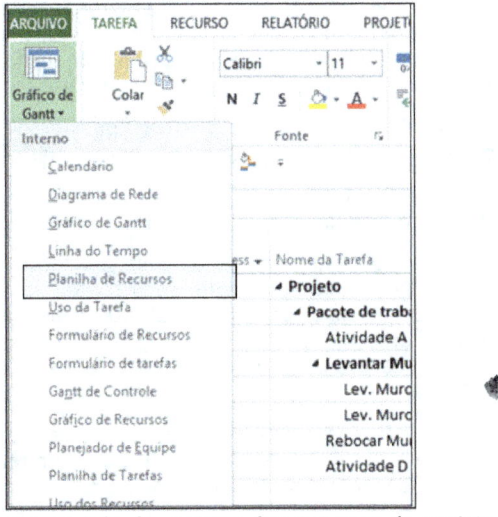

9.1 – Acesso a tela de registro dos recursos do projeto

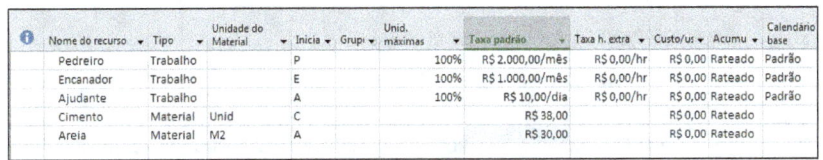

9.2 –Tela com os registros dos recursos do projeto

Essa visão padrão da planilha de recursos traz as seguintes colunas:

- Nome dos recursos: descreva o nome do recurso;
- Tipo: tipo do recurso (trabalho, material ou custo);
- Unidade do material: unidade de medida do recurso (só permitida a digitação para os recursos tipo Material, como m², m³, kg etc.);
- Iniciais: campo de texto livre para digitar as iniciais que indicam o recurso. Pouco utilizado; é melhor ocultar essa coluna;
- Grupo: campo de texto livre para digitar grupos de identificação dos recursos como terceirizados, alugados etc. Pouco utilizado; é melhor ocultar essa coluna;
- Unidades máximas: determina, para os recursos do tipo trabalho, o percentual do tempo do calendário que pode ser considerado como

tempo normal de trabalho. Por exemplo, se estivermos trabalhando com um calendário de 9 horas diárias e colocarmos o percentual como 50%, quando o recurso trabalhar mais do que 4,5 horas por dia, o sistema indicará que ele está superalocado;

- Taxa Padrão: valor do custo a ser considerado para o cálculo do orçamento. Pode ser informado em horas, dias, semanas etc.;
- Taxa de Hora Extra: valor da hora extra do recurso. Não está relacionado à Unidade Máxima e é muito pouco utilizado;
- custo/Uso: valor incorporado ao custo do recurso quando associado à tarefa. Por exemplo, se um recurso tem a taxa padrão de R$ 500/dia e um custo/Uso de R$ 100,00, quando associarmos esse recurso a uma tarefa de 5 dias, o custo total do recurso será de R$ 2.600,00; se o associarmos a uma tarefa de 10 dias, será de R$ 5.100,00;
- Acumular: determina se o custo do recurso, quando associado à tarefa, deverá ser considerado no início ou no término da tarefa, ou se deverá ser rateado em sua duração; e
- Calendário: para os recursos do tipo Trabalho, indique qual calendário deve ser considerado.

9.2 Relacionando os recursos às atividades

Quando registramos os recursos necessários à execução de uma tarefa, o MS Project calcula, além do custo a ela associado, uma nova informação denominada Trabalho (somente para os recursos do tipo Trabalho).

O Trabalho é a quantidade de horas necessárias para a execução da atividade. Sua fórmula é a multiplicação da duração da tarefa pela quantidade de recursos do tipo Trabalho.

Por exemplo, para uma atividade que tem duração de dois dias e a utilização de dois recursos do tipo trabalho, teremos:

- Considerando que um dia de trabalho tem oito horas (calendário do projeto), um dia dessa atividade terá 16 horas de trabalho.
- Então, em dois dias, o trabalho será de 32 horas.

Para informar os recursos, devemos trabalhar com uma visão que mostre as atividades do projeto, como a visão de Gráfico de Gantt ou Gantt de controle. Os recursos das tarefas podem ser informados de várias maneiras:

- Através da coluna "Nome dos Recursos";
- Clicando duas vezes na atividade e utilizando a guia "Recursos"; e

Elaboração e controle de Cronogramas

- Utilizando a tela "Atribuir Recursos".

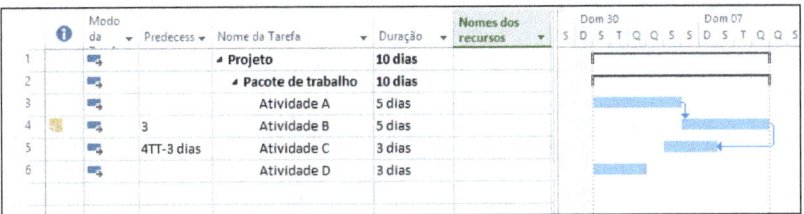

9.3 – Exemplo de projeto para registro dos recursos do projeto

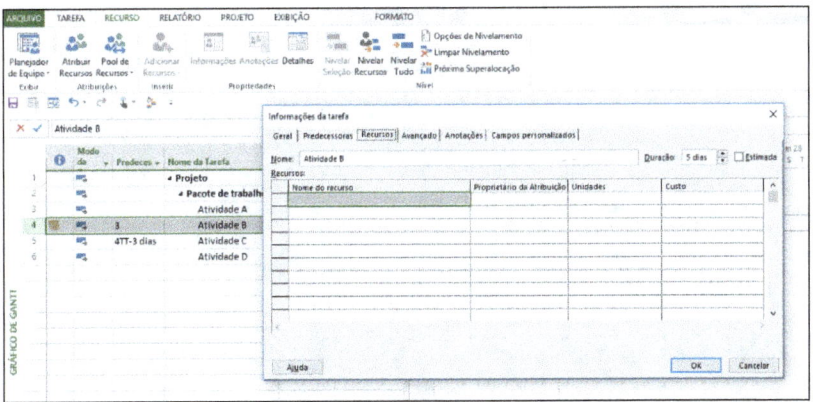

9.4 – Exemplo para registro dos recursos de uma tarefa para guia de recursos das informações das tarefas

Elaboração e controle de Cronogramas

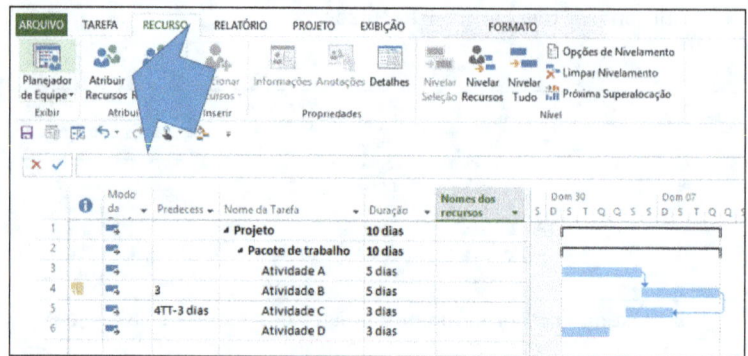

9.5 – Local para chamada da tela de registro dos recursos no MS Project

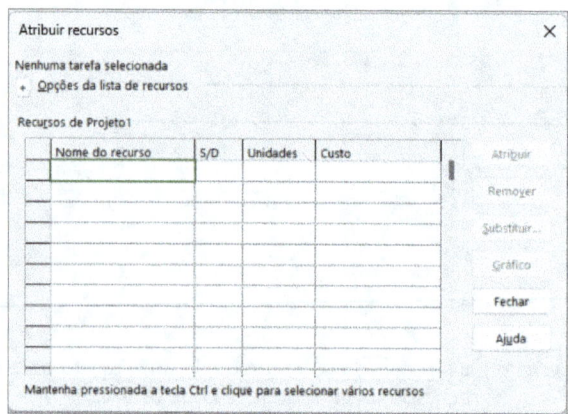

9.6 – Tela de registro dos recursos no MS Project (também pode ser aberta pelo atalho Alt+F10)

9.3 Problemas de Alocação dos Recursos; Alteração da Duração das Tarefas

Ao informar os recursos nas tarefas, pode ocorrer o problema de alteração na duração. Esse problema está associado ao tipo de tarefa atualmente em uso, que pode variar em 5 tipos:

- Duração Fixa Controlada pelo Empenho;
- Duração Fixa Sem ser Controlada pelo Empenho;

Elaboração e controle de Cronogramas

- Trabalho Fixo;
- Unidades Fixas Controladas pelo Empenho; e
- Unidades Fixas Sem ser Controladas pelo Empenho.

Para evitarmos esse transtorno, devemos trabalhar somente com atividades do tipo Duração Fixa Sem ser Controlada pelo Empenho. Basta abrir a tela de "Informações da tarefa" e na guia "Avançado" mudar o tipo.

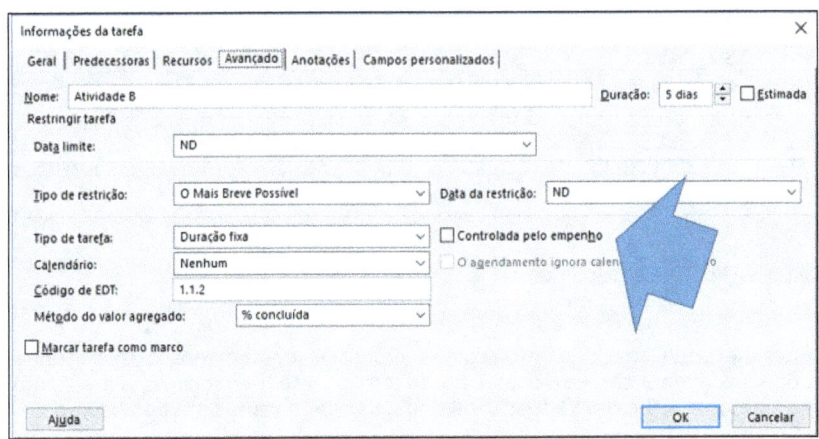

9.7 – Guia de configurações avançadas das atividades da tela de informações das tarefas no MS Project

9.4 PROBLEMAS DE ALOCAÇÃO DOS RECURSOS; RECURSOS SUPER ALOCADOS

Ao realizar o planejamento dos recursos das atividades, podemos cometer enganos, por exemplo, alocar os mesmos recursos para atividades diferentes programadas para o mesmo período. Dessa forma, o recurso trabalharia mais do que as 8 horas diárias. A esse problema denominamos superalocação de recursos.

O MS Project apresenta de vermelho, na visão "Planilha de Recursos", quais recursos estão superalocados. Recursos superalocados significam que, em alguma parte do cronograma, estão trabalhando mais do que o especificado na coluna "Unidades Máximas", considerando o calendário em uso. Observe, abaixo, que o recurso "armador" está com uma unidade máxima de 1500%, ou seja, neste projeto, temos a disponibilidade de 15 armadores diariamente, enquanto nos outros, temos apenas um recurso de cada.

Elaboração e controle de Cronogramas

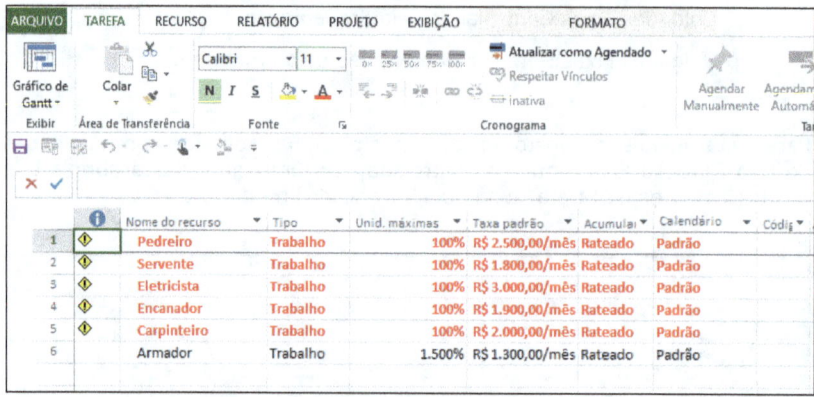

9.8 – Tela de Planilha de recursos com indicação em vermelho dos recursos superalocados

9.5 GRÁFICOS DE RECURSOS

Reconhecendo que existem recursos superalocados em nosso cronograma, podemos identificar em qual período do projeto isso ocorre. Para tanto, utilizamos a visão de "Gráfico de Recursos", como representado abaixo.

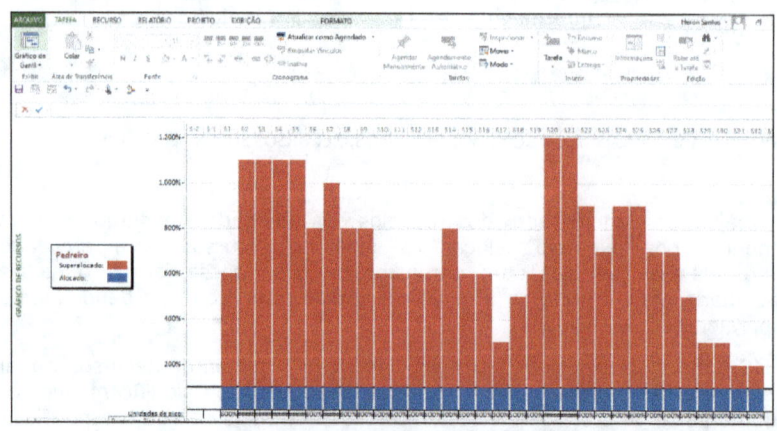

9.9 – Tela de Gráfico de recursos

Outra interpretação que podemos extrair dessa visão é a disponibilidade dos histogramas do projeto, sejam eles com base nos recursos humanos ou materiais. Dessa forma, temos toda a programação de recursos necessários ao projeto, melhorando, assim, a possibilidade de sucesso no cumprimento dos prazos estabelecidos no cronograma.

9.6 TELA DE USO DOS RECURSOS

Outra forma de visualizarmos a utilização dos recursos é através da visão "Uso dos Recursos", como pode ser visto abaixo.

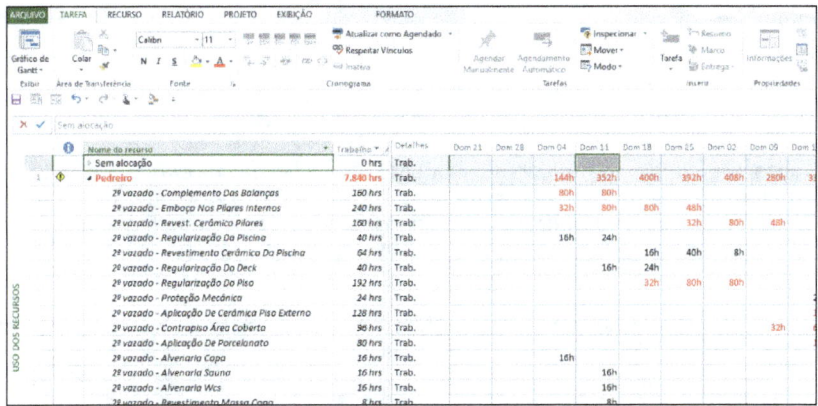

9.10 – Tela de Uso dos recursos

Essa visão nos dá a ideia de quem, quando e quantos recursos serão utilizados no projeto.

9.7 MELHOR TIPO DE RECURSO A SE TRABALHAR

Diante das opções de tipos de recursos, surge a dúvida: qual seria a melhor escolha para se trabalhar na elaboração de cronogramas?

Para decidir, vamos analisar o seguinte problema:

1. Para a realização de uma determinada tarefa, foi orçado que a quantidade de horas necessárias para sua execução seria de 160 horas do recurso "Ajudante", por exemplo. Diante desse dado, podemos

calcular que, se alocarmos apenas um recurso para a execução da tarefa, a duração necessária será de 20 dias (20 vezes 8 horas de trabalho diário que resultará em 160 horas); mas se colocarmos 2 ajudantes, serão necessários 10 dias de duração;
2. Olhando o cronograma do projeto abaixo, verificamos que existem 3 atividades desse tipo em paralelo; e
3. Olhando as restrições do projeto, descobrimos que dispomos apenas de 4 ajudantes para a realização de todas as tarefas.

Surge a pergunta, como resolver esse problema?

Se olharmos o projeto com todas as atividades em paralelo, vemos que necessitaríamos de 6 ajudantes, mas, como informado, só temos a disponibilidade de 4, diariamente. Uma primeira solução seria o sequenciamento das atividades, o que resultaria na utilização de apenas 2 ajudantes diariamente (imaginando que a duração seja de 10 dias para as tarefas).

Analisemos os cenários abaixo:

Cenário 1: Trabalhando com recursos do tipo Trabalho.

Alocamos 200% do recurso "ajudante" para cada tarefa, simulando a existência de 2 recursos. Verificamos, então, que o histograma indica uma necessidade de 600% desse recurso por dia (6 recursos; mas nós não o temos.

Nome da tarefa	Duração
Atividade A	10 dias
Atividade B	10 dias
Atividade C	10 dias

9.11 – Tela de Gráfico de Gantt com três tarefas registradas com recurso Ajudante associado

Elaboração e controle de Cronogramas

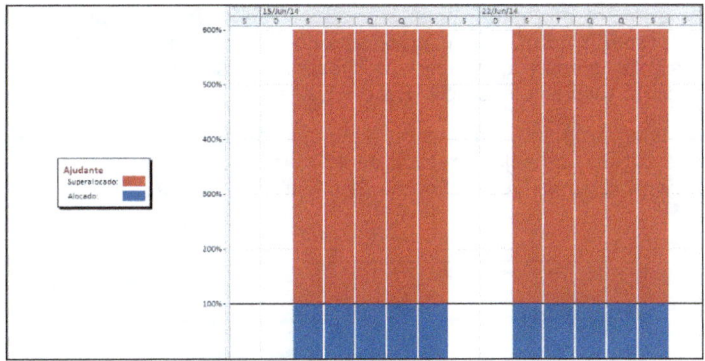

9.12 – Tela de Gráfico de recursos

Uma saída, portanto, seria aumentar a duração das atividades, pois, assim, teríamos menos necessidade por horas/homem diárias e diminuiríamos a necessidade diária de recursos. Porém, como o recurso do exemplo é do tipo "Trabalho", eles sempre mantêm a necessidade de 2 recursos por dia; assim, nosso problema não seria resolvido.

Veja o resultado do aumento da duração abaixo:

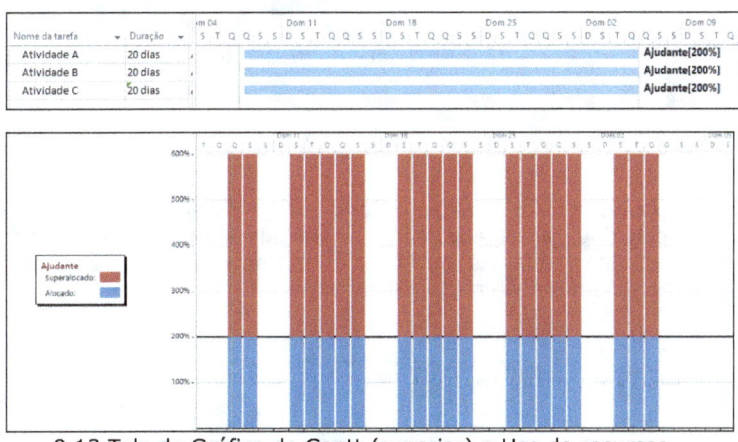

9.13 Tela de Gráfico de Gantt (superior) e Uso do recursos (inferior)

Cenário 2: Trabalhando com os recursos do tipo Material.

Elaboração e controle de Cronogramas

Em um primeiro momento, pode parecer estranho. Porém, vamos trabalhar com um cenário no qual o recurso "ajudante" seria do tipo Material. Nesse caso, associaríamos a quantidade de horas necessárias para a execução da tarefa, conforme calculado pelo orçamento.

Nosso histograma indicaria, então, a quantidade necessária de horas de ajudante por dia, ou seja, um total de 48 horas diárias, superior ao total que dispomos (4 recursos vezes 8 horas de trabalho = 32 horas).

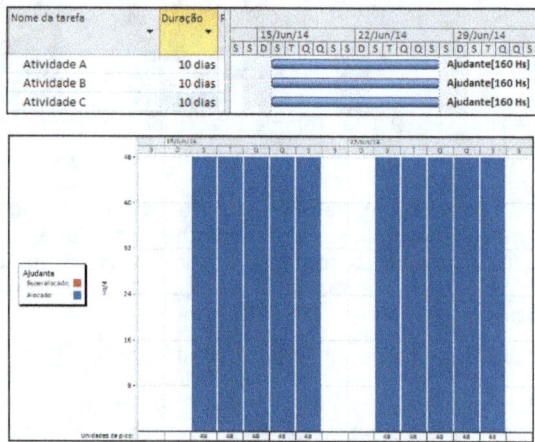

9.14 – Tela de Gráfico de Gantt (superior) e Uso do recursos (inferior)

Se aumentarmos a duração de uma ou mais atividades, nosso histograma vai redistribuir automaticamente a quantidade de horas necessárias para a execução da tarefa. Assim, indicará uma nova quantidade de horas diárias (32 horas) após a alteração das durações.

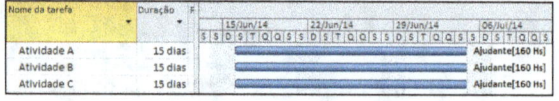

Elaboração e controle de Cronogramas

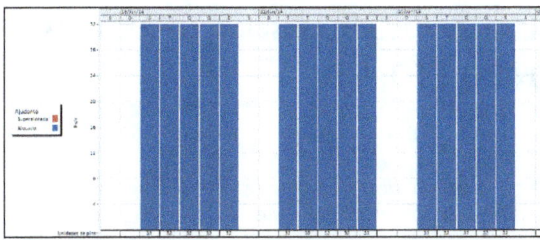

9.15 – Tela de Gráfico de Gantt (superior) e Uso do recursos (inferior)

Podemos ver que, se trabalharmos com os recursos do tipo "material", facilitaríamos nosso trabalho de planejamento do histograma.

10 ATUALIZAÇÃO DO CRONOGRAMA NA EXECUÇÃO DO PROJETO

A atualização regular do cronograma é essencial para o sucesso de qualquer projeto. Aqui estão os principais motivos:

- Monitoramento do Progresso: Permite acompanhar o avanço das atividades e comparar com o planejado, identificando atrasos ou adiantamentos.
- Identificação de Problemas: Ajuda a detectar problemas e gargalos no cronograma, possibilitando a implementação de ações corretivas em tempo hábil.
- Revisão de recursos: Facilita a reavaliação e realocação de recursos, garantindo que a equipe e materiais estejam disponíveis conforme necessário.
- Melhoria na comunicação: Mantém todos os stakeholders informados sobre o estado atual do projeto, promovendo uma comunicação clara e eficaz.
- Ajuste de Expectativas: Permite a revisão e ajuste de prazos e entregas, alinhando as expectativas da equipe e dos clientes.

Ademais, a prática contínua de atualização do cronograma ainda traz como benefícios a longo prazo a melhoria da gestão de projetos, o aumento na eficiência e a redução dos riscos para a entrega pontual dentro do prazo esperado.

Neste capítulo, analisaremos as melhores práticas recomendadas para a gestão da atualização de cronogramas, mantendo as informações de dependências e atrasos e garantindo que o seu cronograma reflita de forma realista o andamento do projeto.

10.1 Conceito de linhas de base

Segundo o PMBOK 6ª edição, linha de base ou *baseline*, refere-se a qualquer versão aprovada de um produto de trabalho que só pode ser alterada por meio de controle formal de alterações de procedimentos e é usada como base de comparação.

Um exemplo que sempre utilizo em meus treinamentos para demonstrar o que significa e para que serve uma linha de base, ou *baseline*, é o que apresento a seguir:

Vamos imaginar que temos que cavar um buraco de 2x10 metros de profundidade.

Elaboração e controle de Cronogramas

Para a execução dessa tarefa, nos foi apresentado um cronograma que mostra o início na segunda-feira e o término na sexta-feira. Nada mais foi dito sobre o planejamento da tarefa a não ser que ela terá 5 dias de duração, iniciando na segunda-feira e com término previsto na sexta-feira da mesma semana.

Durante a execução da tarefa, verificamos que ela realmente iniciou na segunda-feira. Porém, no final da quinta-feira, fizemos uma visita ao local e identificamos que só havia sido escavado 4 metros.

A pergunta que sempre faço é: para você agora, essa tarefa está atrasada no prazo ou adiantada? As respostas variam muito.

Um grupo de pessoas alega que a tarefa está no prazo, pois sua conclusão só ocorrerá no dia seguinte. Mostro, então, que essa resposta não é adequada, pois considerar que sempre estaremos no prazo até que ele se esgote não é possível. Regularmente, temos que verificar qual é a nossa tendência para o término do projeto. Só assim, será possível afirmar que estamos atrasados, adiantados ou, até mesmo, no prazo.

Na verdade, está faltando uma informação no nosso planejamento: a apresentação da quantidade de metros a serem escavados por dia. Imaginemos, então, os seguintes cenários e suas conclusões.

Cenário	Segunda	Terça	Quarta	Quinta	Sexta
A	2 m	2 m	2 m	2 m	2 m
	Neste caso a atividade estaria atrasada, pois teríamos que ter escavado 8 metros até o final da quinta.					
B	1 m	1 m	1 m	1 m	6 m
	Neste caso, foi planejado a utilização de uma escavadeira na sexta. Sendo assim e de acordo com o planejamento, a atividade estaria no prazo, pois a sua execução está de acordo com o que foi planejado.					
C	0.5 m	0.5 m	1 m	1 m	7 m
	Neste caso, também foi planejado a utilização de uma escavadeira na sexta, porem a quantidade prevista até a quinta era de 3 metros e como estamos com 4 metros escavados, estamos com a atividade adiantada.					

10.1 – Exemplo de um planejamento para a escavação do buraco apresentado

Elaboração e controle de Cronogramas

A informação utilizada como comparativo entre o planejamento inicial e os dados atualizados da execução do projeto é o que definimos como linha de base ou *baseline*.

A função básica da linha de base é possibilitar a verificação da tendência de término de uma tarefa ou projeto, ou seja, se está de acordo com a previsão inicial.

No exemplo acima, falamos sobre a linha de base do cronograma do projeto. Porém, temos outras linhas de base. Basicamente, ao término da fase de planejamento, teremos em mãos várias linhas de base, tais como:

- Documento de detalhamento do escopo do projeto;
- Cronogramas;
- Orçamentos;
- Planos de trabalho;
- Detalhamento dos recursos;
- Riscos; e
- Plano de comunicação etc.

Todos esses documentos irão compor o que denominamos de "Plano de Projeto" ou *baseline*. O Plano de Projeto é a reunião de todos os documentos gerados durante a fase de planejamento e que servirão de base, na fase de controle, para a avaliação do quanto a execução do projeto tem seguido o planejado. Assim, poderemos tomar ações corretivas ou preditivas para ajustar a execução do projeto e trazê-lo de volta à linha de base prevista.

Como o mundo não é perfeito, dificilmente existirá um planejamento que não sofrerá ajustes durante a fase de execução do projeto, seja de custos, cronogramas etc. Quando isso ocorre, os documentos devem ser atualizados para uma nova versão e um novo Plano de Projeto, ou linha de base, deverá ser criada.

As linhas de base servirão como ponto de referência para o acompanhamento do andamento da execução do projeto em relação ao seu planejamento.

Uma dúvida comum é: quando podemos criar uma linha de base? Se semanalmente atualizamos o cronograma, então, semanalmente teremos uma nova linha de base? A resposta é: só teremos uma nova linha de base quando ocorrer um acerto com o cliente para aceitar um novo cronograma ou orçamento. Isso é algo a ser negociado, mas que, nem sempre, será aceito.

10.1.1 Linhas de Base no MS Project

A gravação das linhas de base é feita na opção "projeto / Gravar Linhas de Base", e o MS Project permite a gravação de até 11 linhas.

Devemos notar que, após a gravação da primeira linha de base, a visão "Gantt de Controle" passará a exibi-la (linhas cinzas) junto ao que denominamos de cronograma corrente do projeto, permitindo a realização de análises quanto aos atrasos ou adiantamentos das atividades ou projetos.

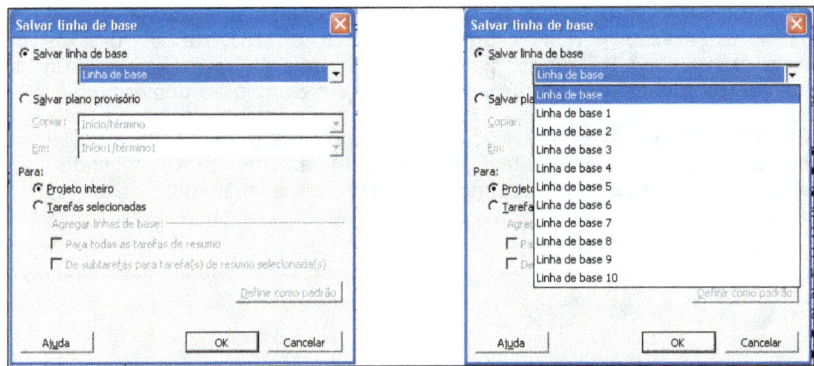

10.2 – Tela de gravação da linha de base no MS Project

10.3 – Tela de Gantt de controle com a gravação da linha de base

Se modificarmos qualquer duração ou predecessora, o MS Project irá "descolar" o cronograma corrente da linha de base.

Elaboração e controle de Cronogramas

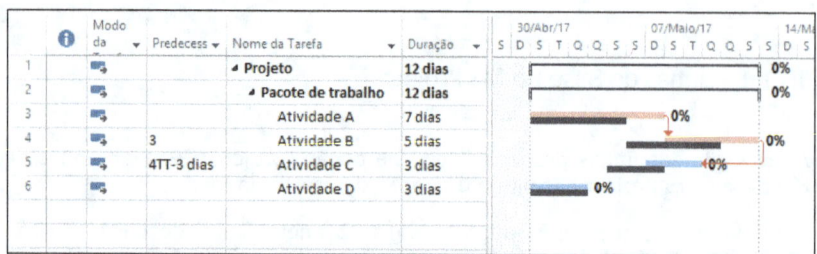

10.4 – Tela de Gantt de controle com a gravação da linha de base

Um lembrete: como dito anteriormente, não podemos confundir a atualização periódica do cronograma com a criação de uma nova linha de base, pois isso só ocorrerá mediante o acordo entre as partes interessadas. Já a atualização periódica tem a intenção de mostrar os desvios do cronograma corrente em comparação com a linha de base vigente, a fim de auxiliar na providência por ações corretivas e a eliminação dos desvios.

O Gráfico de Gantt sempre exibirá a linha de base 0 (zero). Para que exiba outras linhas, é necessário fazer ajustes em sua configuração, clicando duas vezes em sua área branca, quando aparecerá a tela abaixo:

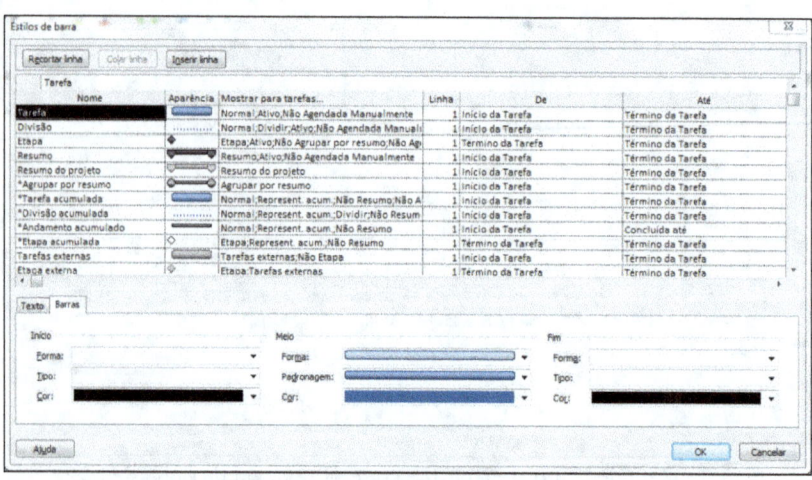

10.5 – Tela de propriedades do gráfico de Gantt

10.2 CONTROLE DA EXECUÇÃO DAS TAREFAS

Elaboração e controle de Cronogramas

Uma das informações que deve estar presente no Plano de Projeto é como será registrada a execução do projeto no cronograma, ou seja, como as tarefas serão atualizadas em relação à execução física. Isso é importante, pois o gerente do projeto deve saber exatamente como cobrar as informações dos recursos envolvidos, por exemplo:

- Periodicidade do acompanhamento: com que frequência será feito o levantamento do andamento da execução do projeto.
- Modelo do acompanhamento: como os recursos devem informar o andamento da execução.

Existem, no MS Project, duas maneiras pelas quais podemos realizar o acompanhamento da execução dos projetos:

- Informando o percentual de execução da tarefa: quando informamos o andamento da tarefa por meio do seu percentual de execução, que poderá ser relacionado ao avanço físico, financeiro ou ao percentual do trabalho realizado, entre outros.
- Informando a duração real e restante das tarefas: quando não trabalhamos com os percentuais de execução, direcionamos nossa preocupação para o controle do tempo já gasto na realização da tarefa e analisamos quanto tempo será necessário para o seu término.

10.2.1 Atualizando a data de status do projeto

Após a gravação da linha de base do projeto, como vimos na seção anterior, estamos aptos a iniciar a atualização do cronograma com relação à execução das tarefas.

Essa ação é normalmente realizada uma vez por semana, e sempre teremos que informar a data base dos dados de execução, pois, sem essa informação, o aplicativo não terá condições de comparar o avanço realizado no cronograma com o que estava previsto. Por exemplo, se informamos que em determinada tarefa houve um avanço de 27%, o MS Project irá compará-lo com o que estava previsto para essa tarefa em uma data anterior específica, a fim de analisar se estamos atrasados, adiantados ou no prazo planejado.

A data quando realizamos as medições e na qual iremos nos basear para atualizar o cronograma é chamada pelo MS Project de Data de Status. Para atualizarmos a Data de Status semanalmente, devemos abrir a janela de "projetos / Informações".

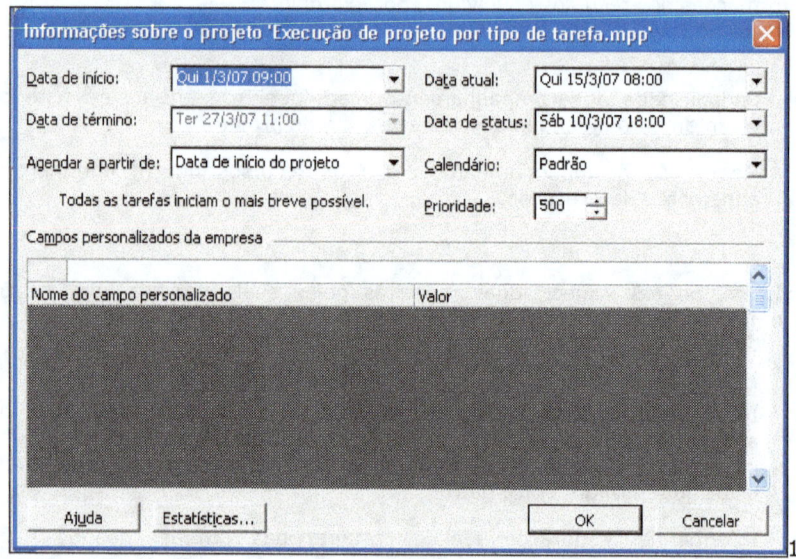

0.6 – Tela de Informações do MS Project

10.2.2 Visualizando as linhas de andamento

Para facilitar a visualização da Data de Status atual na tela do gráfico de Gantt ou Gantt de Controle, podemos solicitar a exibição da linha de andamento, conforme mostrado na tela abaixo.

A linha de andamento oferece uma visualização gráfica do avanço do projeto. Nesse momento, podemos visualizar facilmente as atividades que se encontram atrasadas ou adiantadas em relação ao planejamento. Se a linha de andamento de uma determinada tarefa se deslocar para a esquerda, indica que a tarefa pode estar atrasada. Se permanecer reta, a tarefa poderá estar no prazo ou adiantada.

Para solicitar ao MS Project que exiba a linha de andamento, clique com o botão direito do mouse na parte branca do gráfico de Gantt e selecione a opção "Linhas de Andamento". Em seguida, na tela abaixo, selecione a opção "Exibir".

10.7 – Tela de configuração das linhas de andamento nos gráficos de Gantt

No exemplo a seguir, temos a seguinte situação:

Tarefa A – Está atrasada, pois deveria ter 50% de sua execução concluída, mas, até o momento, só alcançou 30%.

Tarefa B – Está no prazo, pois deveria ter 50% de sua execução concluída e, até o momento, já alcançou 50%.

Tarefa C – Está adiantada, pois deveria ter apenas 50% de sua execução concluída, mas, até o momento, já alcançou 80%.

10.8 – Tela de Gantt de controle com três tarefas registradas

10.2.3 controle da execução através da informação do percentual executado

Elaboração e controle de Cronogramas

A maneira mais prática e rápida para controlar a execução de um projeto é informar o percentual executado de cada tarefa nas medições realizadas.

Para executar esta ação no MS Project podemos:

- Clicar duas vezes em cada atividade e atualizar o campo "Porcentagem Concluída" na guia Geral.

- Informando o % executado diretamente do menu de controle.

- Incluindo a coluna "% Concluído" em uma tabela.

Para exemplificar a operação, clique duas vezes em uma determinada tarefa do projeto; quando aparecer a tela abaixo, informe o percentual executado da tarefa no campo "Porcentagem Concluída".

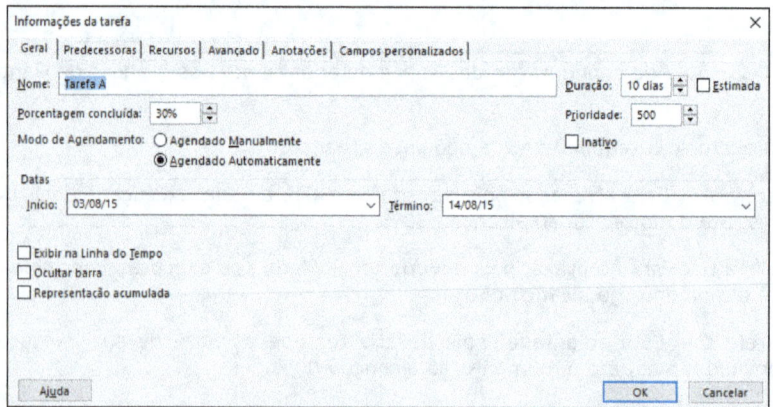

10.9 – Tela de Informações das Tarefas – Guia Geral

Embora seja a maneira mais comum de controle da execução de projetos no MS Project, ou em outros aplicativos, ela apresenta diversas falhas, tais como:

- O percentual informado, teoricamente visto como o percentual físico da atividade, é entendido pelo MS Project como o percentual de tempo já usado na tarefa. Esse percentual pode ser modificado pelo próprio aplicativo caso ocorra uma alteração na duração da tarefa. Veja o exemplo abaixo:

Elaboração e controle de Cronogramas

A- Inicialmente, a tarefa tem uma duração de 10 dias e nós informamos que 50% já foi executado.

B- Modificando a duração da tarefa para 15 dias, o percentual automaticamente será modificado.

- Isso ocorre porque, inicialmente, o MS Project registrou que o total de horas para a execução da atividade até a data de status foi de 40 horas. Esse valor resulta de termos informado o percentual de 50% da execução da tarefa (o tempo total da tarefa é de 80 horas). Quando modificamos a duração para 15 dias, o total de horas da tarefa passa a ser de 120 horas. Como o MS Project registrou um total de 40 horas já gastas em sua execução, o percentual do tempo gasto (que imaginamos inicialmente ser o físico) passa a ser de 33,33%.

- O percentual de avanço mostrado para as atividades resumo e até mesmo para o projeto não pode ser entendido como o seu percentual de avanço, pois as atividades podem ter unidades (m³, m², kg etc.) diferentes entre si. Assim, nunca teremos o percentual de avanço físico de um projeto. Essa informação não está ligada à utilização do MS Project, mas sim ao conceito equivocado de que sempre existe um percentual físico executado de todo o projeto.

- O percentual executado de uma tarefa até o dia da medição pode não expressar exatamente o quanto de esforço foi gasto na atividade.

- O percentual executado não nos mostra para quando está previsto o término da execução da tarefa. Ele retrata o passado e deixa de considerar o futuro. O percentual físico realizado até o momento pode refletir uma dificuldade menor do que o restante a ser executado.

- Permite a existência de tarefas programadas para serem executadas no passado. Note, abaixo, que a tarefa D não iniciou, porém, ela continua com a data prevista de execução anterior à data de status.

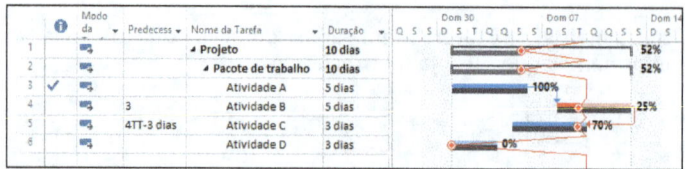

10.2.4 Reprogramando as atividades

Para "corrigir" alguns dos problemas apresentados anteriormente, devido ao fornecimento incorreto do percentual de execução das tarefas, podemos utilizar as colunas de "Início Real" e "Término Real" das tarefas. Dessa forma, os cronogramas serão ajustados a cada início ou término das tarefas.

Quando uma tarefa for iniciada, devemos informar sua data de início na coluna "Início real". Quando for concluída, informamos a data de conclusão na coluna "Término real".

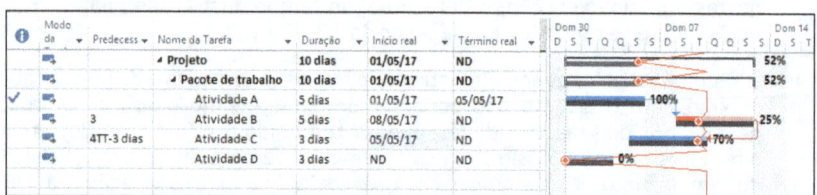

10.10 – Tela de Gantt de controle

Como último comando na atualização do projeto, devemos pedir ao MS Project que reprograme o início das tarefas não iniciadas para que comecem, no mínimo, depois da data atual de status. Esse comando está no menu "Projetos/Atualizar projeto".

Elaboração e controle de Cronogramas

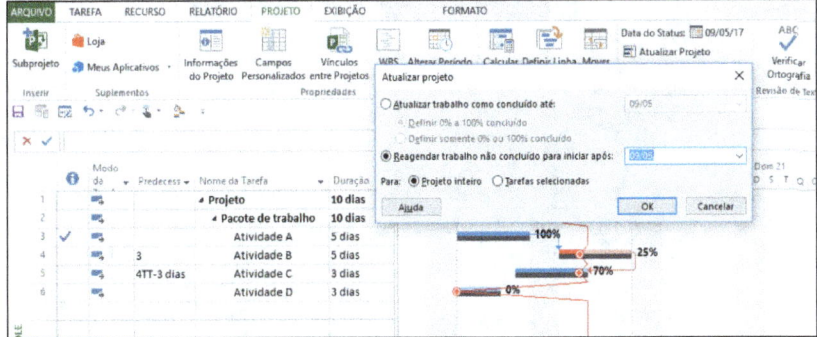

10.11 – Tela de atualização do projeto

Após a execução do comando, o projeto não terá mais tarefas programadas no passado.

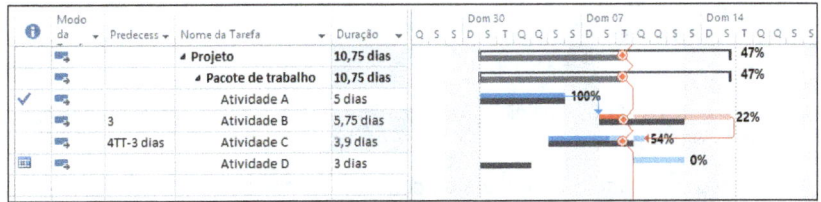

10.12 – Tela de Gantt de controle

10.2.5 controle da execução através da duração restante

Existe um método de controle de execução de projetos que, com um pouco de prática, se torna tão fácil, ou até mais fácil, do que o método percentual apresentado anteriormente. Chamaremos esse método de Duração Restante.

O método tem como premissa a utilização dos tempos já utilizados na realização das tarefas e do quantitativo de tempo ainda necessário para a conclusão. A informação de percentual executado não é considerada.

Para executar essa ação no MS Project devemos:

- Selecionar a opção "Tarefas/Tarefas/Atualizar Tarefas";

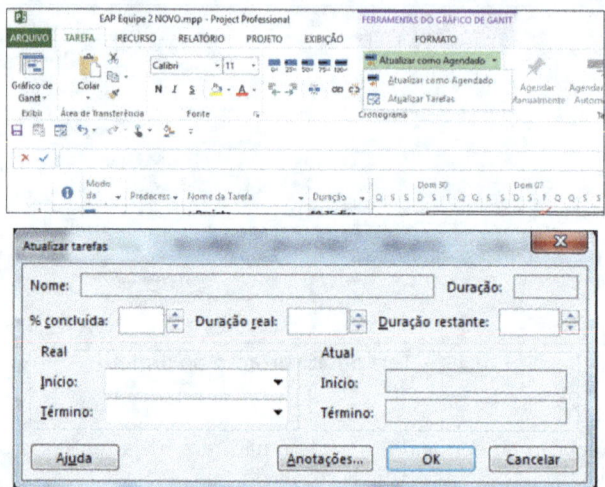

10.13 – Local de onde abrir a tela de Atualizar Tarefas (acima) e tela de Atualizar Tarefas (Abaixo)

- Informar as datas de início Real e Término Real, caso a atividade tenha sido concluída;

- Caso a atividade não tenha sido concluída, informar:

    - Duração Real: corresponde a quantos dias úteis do calendário já se passaram desde o Início Real da tarefa até a data de Status do projeto. Independentemente de ter trabalhado todos os dias ou não, devemos considerar o intervalo total como a duração real até o momento da tarefa.

    - Duração restante: corresponde a quantos dias (ou horas) serão necessários para concluir a tarefa.

Esse método, quando aplicado, promove automaticamente a reprogramação do cronograma e a atualização do caminho crítico do projeto, caso os resultados informados tenham o alterado de alguma forma.

Como último comando na atualização do projeto, devemos solicitar que o MS Project reprograme o início das tarefas não iniciadas para que comecem, no mínimo, após a data atual de status. Esse comando está disponível no menu "Projetos/Atualizar projeto".

Elaboração e controle de Cronogramas

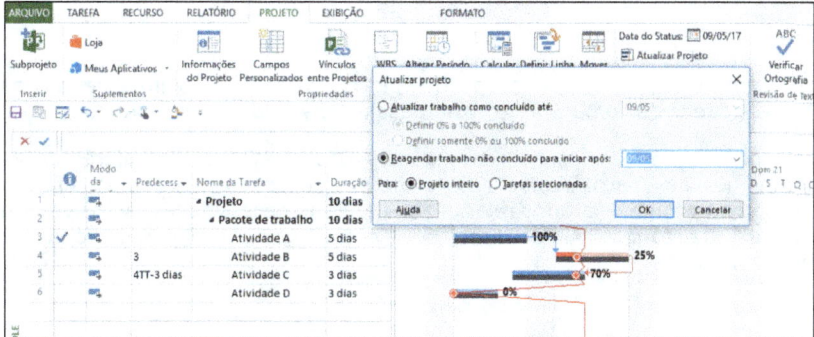

10.14 – Tela para Atualizar projeto

Após a execução do comando, o projeto não terá mais tarefas programadas no passado.

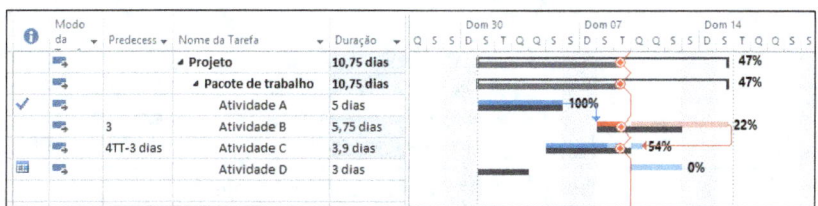

10.15 – Tela Gantt de controle

Um ponto importante sobre esse método é que devemos desconsiderar os percentuais apresentados pelo MS Project, pois, como discutido anteriormente, não correspondem ao percentual físico executado.

11 RELATÓRIOS

O gerente de projetos deve identificar, durante o planejamento, as necessidades de comunicação para todos os envolvidos com o projeto.

As informações entregues aos recursos das tarefas serão diferentes às entregues aos patrocinadores do projeto. Por isso, o MS Project oferece diversos tipos de relatórios relacionados a essas necessidades, acessíveis no menu "Relatório". Além disso, é possível criar relatórios conforme necessário.

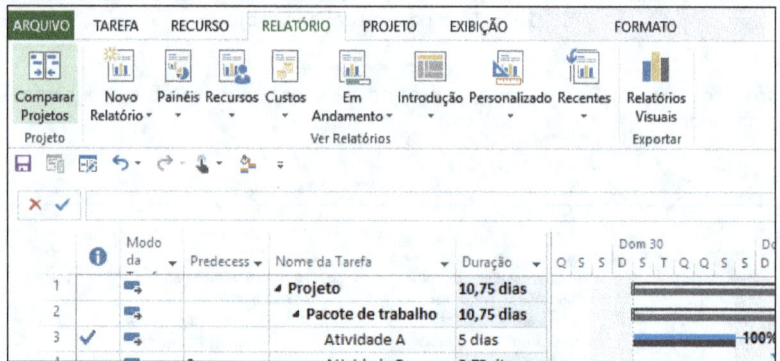

11.1 – Guia de Relatórios no MS Project

12 FILTROS

Muitas vezes, é necessário apresentar apenas partes específicas do projeto, como por exemplo:

- Atividades ainda não iniciadas;
- Atividades de um determinado recurso;
- Atividades com custo acima de determinado valor; e
- Atividades concluídas em um período específico.

Isso pode ser feito por meio da aplicação de filtros.

O MS Project permite o uso de filtros nas Visões, Tabelas e Relatórios, oferecendo uma variedade de filtros pré-configurados e a possibilidade de criar filtros conforme necessário.

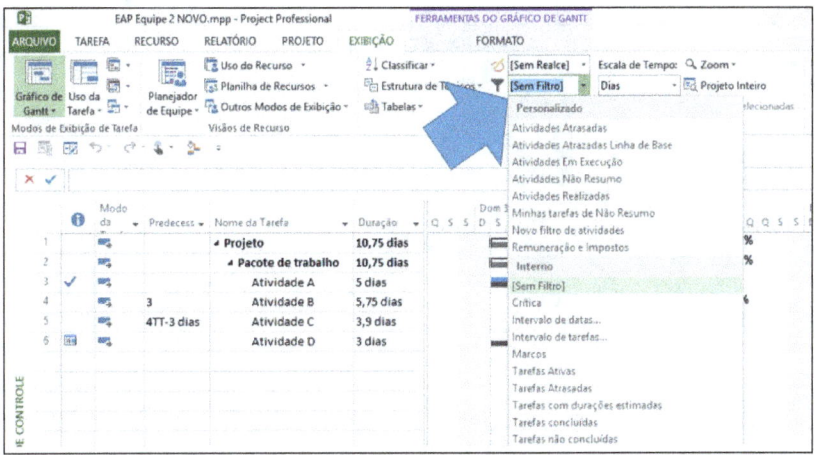

12.1 – Acesso aos Filtros no MS Project

13 AGRUPAMENTOS

O MS Project permite a visualização das Visões, Tabelas e Relatórios por meio da aplicação de diversos agrupamentos pré-configurados, além de possibilitar a criação de novos agrupamentos conforme necessário.

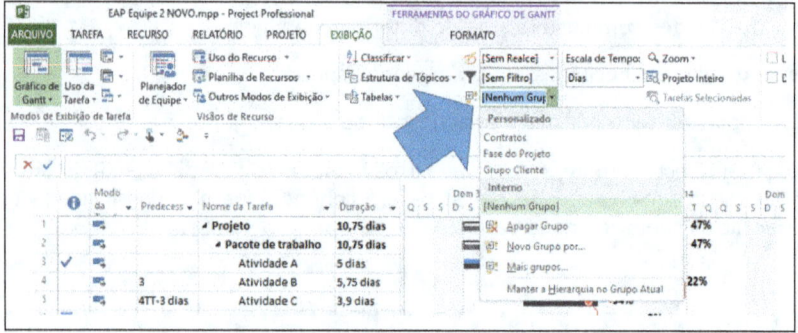

13.1 – Acesso aos Grupos no MS Project

14 PROGRAMAÇÕES SEMANAIS

Conforme apresentado no Capítulo 4, o Last Planner System (LPS) orienta a criação de três cronogramas distintos durante a execução de nossas obras ou projetos.

14.1 Cronograma de Longo Prazo

O cronograma de longo prazo, discutido no Capítulo 5, reflete de maneira resumida toda a estratégia para a execução do projeto. Esse planejamento pode abranger um período de alguns anos, e um dos métodos aplicados é a elaboração de cronogramas em Linhas de Balanço.

14.2 Cronograma de Médio Prazo

O cronograma de médio prazo, detalhado nos Capítulos 6 e 7, baseia-se no cronograma de longo prazo e pode ser elaborado em ferramentas como o MS Project. No início da sua execução, o LPS recomenda não gastar tempo e energia no detalhamento de todos os pacotes de trabalho da Linha de Balanço, pois, devido ao avanço tecnológico, o modo de execução desses pacotes pode mudar, tornando o detalhamento inicial obsoleto.

Apesar de o cronograma de médio prazo se basear no planejamento de longo prazo, ele possui maior detalhamento das atividades, considerando um horizonte de tempo de 2 a 3 meses a partir da data atual de execução do projeto. Essa técnica, também chamada de Refinamento em Ondas Sucessivas, promove ajustes e detalhamentos dos pacotes de trabalho, propiciando uma melhoria constante do cronograma. Para esse tipo de cronograma, as melhores práticas de construção de cronogramas devem ser respeitadas. Se foram usadas ligações como TI+X dias ou TI-X dias no cronograma de longo prazo, agora elas devem ser substituídas por vínculos mais detalhados e precisos.

14.3 Cronograma de Curto Prazo

Precisamos trabalhar agora o planejamento ou o cronograma de curto prazo, que se caracteriza pela programação das tarefas a serem executadas na próxima semana (ou período). Esse cronograma, também chamado de

Elaboração e controle de Cronogramas

planejamento semanal ou *Sprint*, pode refletir um detalhamento ainda maior do que o especificado no cronograma de médio prazo. Normalmente, é feito em aplicativos diferentes dos utilizados para os cronogramas de longo e médio prazo (MS Project, Primavera P6 etc.), como o Excel ou Word, por exemplo.

Ele deve conter informações como:

- Relação das atividades a serem realizadas;
- Quantidade total de atividades;
- Quantidade prevista para a semana;
- Responsável pela execução;
- Riscos existentes e plano de ação;
- Criticidade das atividades; e
- Programações diárias na semana para realização da tarefa programada.

Para uma implementação mais eficiente do cronograma de curto prazo, podemos considerar a realização das seguintes ações:

- Realizar reuniões semanais com a equipe para revisar o progresso das tarefas, identificar obstáculos e ajustar o planejamento conforme necessário;
- Utilizar ferramentas de gestão visual, como os quadros Kanban, para facilitar o acompanhamento e a comunicação das atividades;
- Incorporar *feedback* contínuo dos executores das tarefas para ajustar os cronogramas futuros, garantindo maior precisão e eficácia; e
- Mesmo utilizando aplicativos como Excel ou Word para o planejamento semanal, integrar essas ferramentas com o sistema de gestão principal (MS Project, Primavera P6 etc.) para manter a coerência e a integridade dos dados.

Um exemplo de documento que podemos utilizar é mostrado a seguir:

Elaboração e controle de Cronogramas

ITEM	ID CRONOGRAMA	DESCRIÇÃO / ATIVIDADES	RESPONSÁVEL	INÍCIO PREVISTO REAL	TÉRMINO PREVISTO REAL	C.C	QUANT. TOTAL	UNID	QUANT. PREVISTA REALIZADA	DESVIO	SEGUNDA	TERÇA	QUARTA	QUINTA	SEXTA	SÁBADO	OBSERVAÇÃO
								PROGRAMAÇÃO SEMANAL									
1	Teste ID	teste Desc	Test Resp														

13.1 – Planilha exemplo de programação semanal

Essa programação pode ser elaborada no início da semana, como na segunda-feira pela manhã. Na sexta-feira, ao final do dia, ela deve ser atualizada com as datas em que as atividades foram realmente executadas e os percentuais de execução alcançados. Se a tarefa teve algum atraso, os motivos que o provocaram devem ser registrados no campo de observação. Com a planilha atualizada em mãos, a atualização do cronograma se torna uma ação muito mais simples de ser executada.

Essas práticas ajudarão a garantir que o planejamento semanal seja detalhado, eficiente e alinhado aos objetivos globais do projeto.

15 MIGRAÇÃO DE UMA LINHA DE BALANÇO DO EXCEL PARA O MS PROJECT

No Capítulo 5, apresentamos as técnicas de desenvolvimento de cronogramas do tipo Linha de Balanço utilizando o Excel como software de apoio. No entanto, para realizar uma gestão eficaz do cronograma, detalhando-o melhor durante o planejamento de médio prazo e melhorando sua atualização durante a execução do projeto, conforme discutido no Capítulo 6, é recomendável migrar a Linha de Balanço desenvolvida no Excel para um software especializado em cronogramas, como o MS Project. A seguir, apresentamos um passo a passo para realizar essa migração.

15.1 DIGITAÇÃO DA EAP NO MS PROJECT

Para realizar essa ação, considere o seguinte: como primeiro nível da EAP, use o nome do projeto. Como segundo nível, utilize as áreas definidas na linha de balanço (eixo y). E como terceiro nível, insira as atividades a serem realizadas nas áreas da linha de balanço, conforme detalhado na figura abaixo.

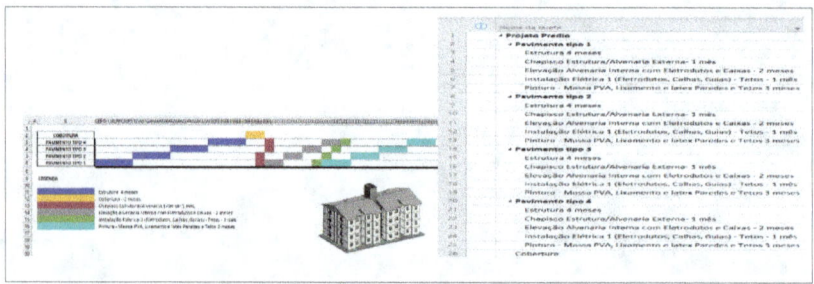

15.1 – Relacionamento entre uma linha de balanço e a sua EAP correspondente

Na figura acima, perceba que, para o item de "Cobertura", não existem atividades relacionadas.

15.2 Digitação das durações das atividades

Devem ser informadas as mesmas durações das atividades trabalhadas durante a elaboração da linha de balanço. No exemplo anterior, temos o resultado apresentado na figura abaixo.

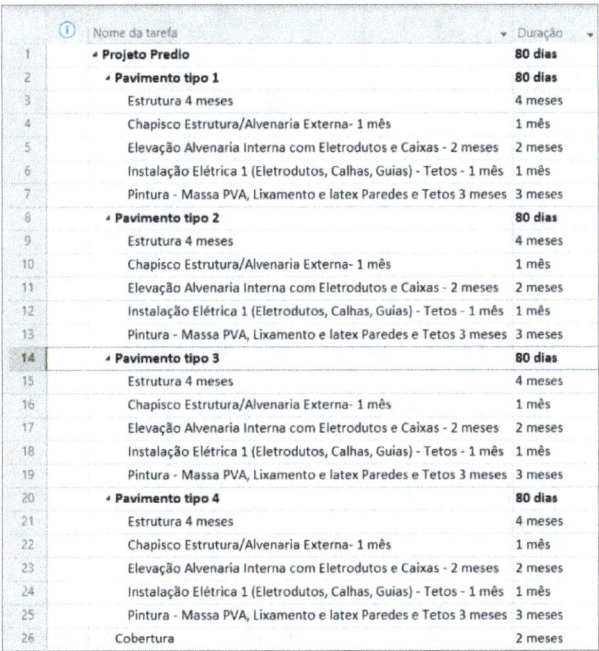

15.2 – Durações das atividades no MS Project

15.3 Fornecimento das predecessoras

Devem ser informadas as predecessoras das atividades. No exemplo utilizado, consideramos apenas uma equipe para a realização das tarefas. Assim, para o pavimento Tipo 1, as predecessoras são todas sequenciais. Já para os pavimentos Tipo 2 em diante, teremos uma predecessora para a primeira atividade e duas predecessoras (todas do tipo TI) para o restante das tarefas.

Elaboração e controle de Cronogramas

Por exemplo: para a atividade de Estrutura do pavimento tipo 2, a única predecessora é o término da Estrutura do pavimento 1. Já para a atividade Chapisco, temos uma predecessora referente ao término da Estrutura do pavimento 2 e outra predecessora referente à atividade de Chapisco do pavimento 1, pois teremos apenas uma equipe para realizar a tarefa. Caso tivéssemos duas equipes, as predecessoras seriam diferentes.

Para o nosso exemplo, veja a figura abaixo.

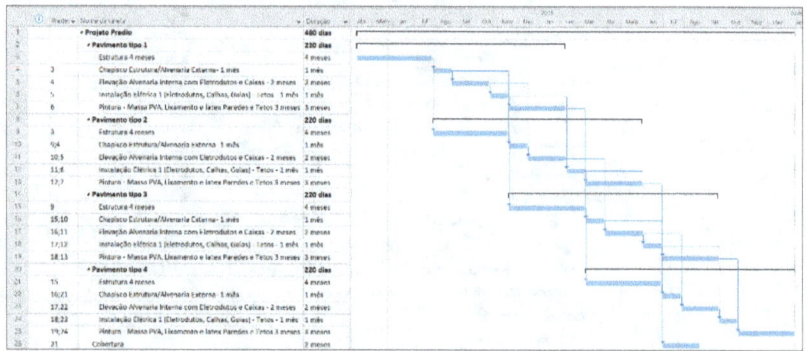

15.3 – Predecessoras das atividades no MS Project

15.4 Ajuste das predecessoras para o espelhamento dom planejamento da LB no MS Project

Para que o cronograma do MS Project tenha um real espelhamento do planejamento de execução das tarefas presentes na linha de balanço, é necessário ajustar as predecessoras do primeiro pavimento, ou primeira área de repetição do eixo Y da linha de balanço.

Nesse pavimento, devem ser informados os tempos de espera presentes na linha de balanço, conforme apresentado na figura abaixo. Feito isso, teremos no MS Project o mesmo planejamento presente na linha de balanço.

Elaboração e controle de Cronogramas

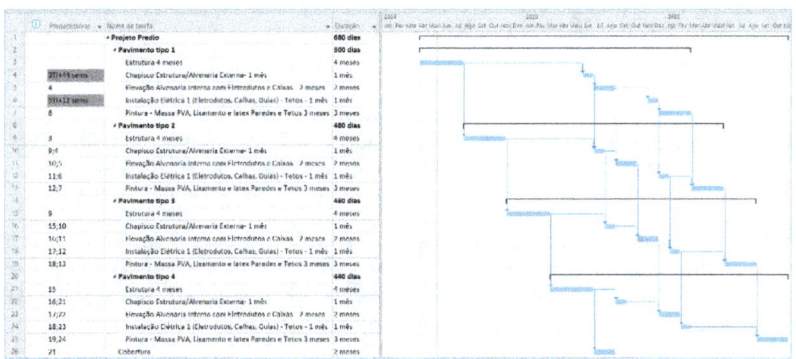

14.4 – Ajuste nas Predecessoras das atividades no MS Project

16 INTRODUÇÃO AO BIM-4D

Embora ainda seja pouco utilizado, o Building Information Modeling (BIM) nas construtoras brasileiras, aos poucos, avança em sofisticação. Ele vai além da funcionalidade de geração de modelos virtuais tridimensionais.

A possibilidade de verificar interferências nos projetos (*clash detection*), criar orçamentos mais realistas e desenvolver cenários de planejamento está se tornando realidade. Além disso, diversos órgãos governamentais estão começando a exigir a utilização de ferramentas BIM.

A constante evolução dessa metodologia de trabalho, que se baseia na cooperação entre as equipes do projeto (arquitetônica, estrutural, elétrica etc.) e no uso de ferramentas computacionais específicas, aponta para a integração com ferramentas de gerenciamento de projetos, especialmente com a gestão de cronogramas. Um exemplo é a integração do modelo 3D criado no Revit com um cronograma desenvolvido no MS Project, resultando no que é conhecido como BIM 4D.

Nele, às três dimensões espaciais que compõem o modelo 3D é acrescida a variável tempo, permitindo a visualização da execução do cronograma de forma tridimensional. Isso é possível com base nas sequências e durações estabelecidas das atividades no cronograma (Da Silva, 2019).

Paralelamente, surgem iniciativas para aproximar o BIM dos canteiros de obra, permitindo que as informações obtidas nas frentes de trabalho, sejam de progresso ou de atraso das atividades, sejam atualizadas automaticamente. Isso possibilita uma nova fonte de informações para as equipes de planejamento e execução do projeto, facilitando a tomada de decisões sobre as intervenções necessárias e minimizando o impacto nos objetivos do projeto.

Também podemos incorporar os custos (orçamento) previstos à simulação, demonstrando assim a evolução econômica do projeto em relação ao cronograma estabelecido.

A integração das informações dos componentes que representam o escopo do projeto, definido no modelo 3D, com os dados de planejamento e custo, oferece uma visão mais precisa das quantidades de cada serviço a ser executado. Além disso, permite a simulação de cenários, auxiliando na definição do melhor "plano de ataque" para a obra ou projeto.

Dessa forma, com a visualização virtual das obras, a progressão do empreendimento se torna mais ágil. A integração do BIM ao planejamento proporciona um controle mais assertivo sobre os prazos de execução.

Além disso, decisões que poderiam ser adiadas são antecipadas para a fase de projeto, o que ajuda a evitar retrabalhos e custos extras.

Elaboração e controle de Cronogramas

A seguir, apresentamos um passo a passo para a execução do modelo 4D do projeto. Para isso, utilizaremos um cronograma desenvolvido no MS Project e o aplicativo NavisWorks da AutoDesk como ferramenta computacional.

16.1 CRIAÇÃO DO MODELO 3D

Vários softwares permitem a criação de modelos 3D para obras. No entanto, para que seja classificado como ferramenta BIM, ele deve atender a certos critérios.

Inicialmente, um software de modelagem 3D é considerado BIM se fornecer informações detalhadas sobre os componentes do projeto. Por exemplo, em um software CAD tradicional, uma parede pode ser representada apenas como uma linha. No 3DBuilder do Windows, uma parede pode ser modelada em 3D, mas sem informações adicionais, como valor, materiais ou índices térmicos. Esses softwares não são classificados como ferramentas BIM.

Para ser caracterizado como BIM, o software deve disponibilizar informações detalhadas sobre os objetos, como materiais e propriedades físicas. Além disso, deve possibilitar a exportação e importação de modelos via formatos como IFC (Industry Foundation Classes), que é um protocolo padrão para a interoperabilidade entre diferentes softwares BIM.

O modelo abaixo, criado no Revit, ilustra uma casa simples e será utilizado como base para nossa simulação.

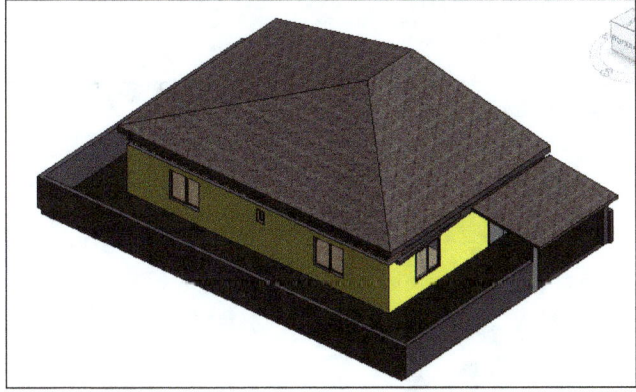

Elaboração e controle de Cronogramas

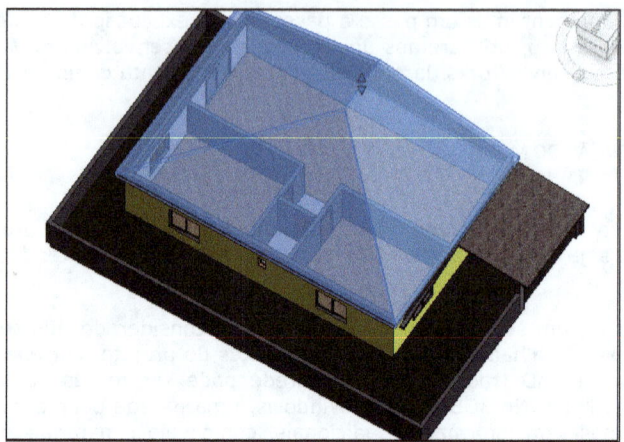

16.1 – Modelagem de uma casa realizada no Revit

Existem diversos cursos disponíveis no mercado para aprender a utilizar o Revit, além de várias opções gratuitas no YouTube. Um dos canais mais comentados é o do Professor Daniel Severino, que oferece conteúdos valiosos para quem deseja aprender a ferramenta.

O Revit pode ser baixado diretamente do site da Autodesk, onde está disponível uma versão de avaliação. Se você for estudante, pode acessar a versão Student, que oferece um período de avaliação de até 3 anos.

16.2 CRIAÇÃO DO CRONOGRAMA

Para a construção da casa apresentada, foi elaborado um cronograma no MS Project, mostrado a seguir.

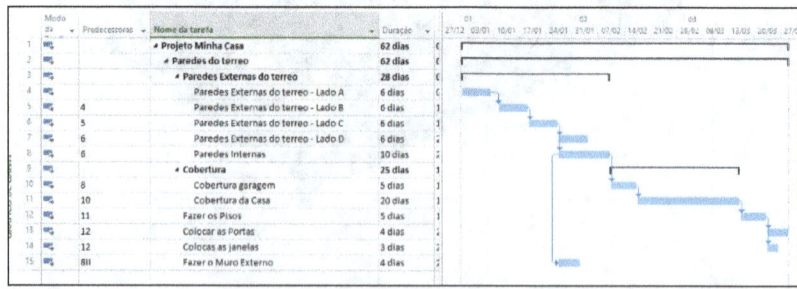

16.2 – cronograma associado a casa apresentada no item anterior

Elaboração e controle de Cronogramas

16.3 ELABORAÇÃO DO BIM-4D – SIMULAÇÃO DA EXECUÇÃO

Após a conclusão do modelo 3D e do cronograma, podemos simular a execução da obra utilizando o conceito BIM-4D. Nesse exemplo, vamos utilizar o aplicativo NavisWorks da Autodesk.

O NavisWorks pode ser baixado diretamente do site da Autodesk. Existe uma versão de avaliação disponível para todos os usuários, e uma versão Student para estudantes.

Inicie o NavisWorks e selecione a opção para abrir um novo arquivo. Navegue até o local onde o modelo 3D da casa foi salvo (feito no Revit) e abra-o no NavisWorks. Para facilitar o trabalho, a Selection Tree e o TimeLiner devem estar visíveis.

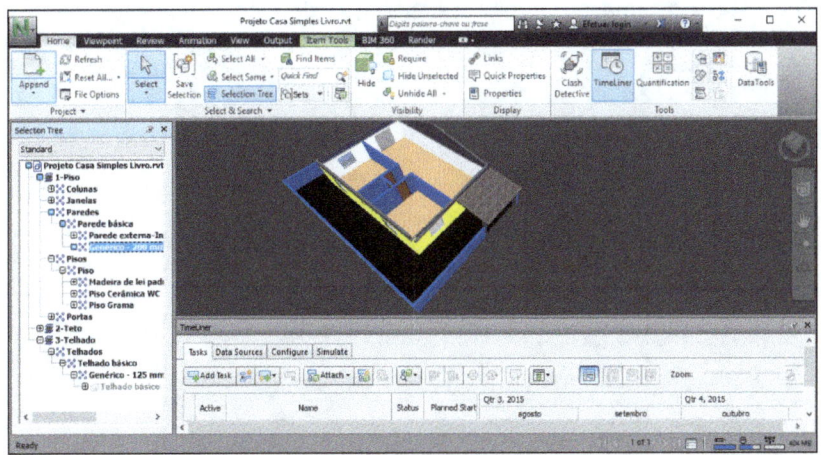

16.3 – Tela do Navisworks, mostrando as guias Selection Tree e Time Liner

Em seguida, temos a importação do cronograma feito no MS Project. Para isso, siga os seguintes passos:

- No TimeLiner, selecione a guia Data Sources e depois clique no botão Add.

Elaboração e controle de Cronogramas

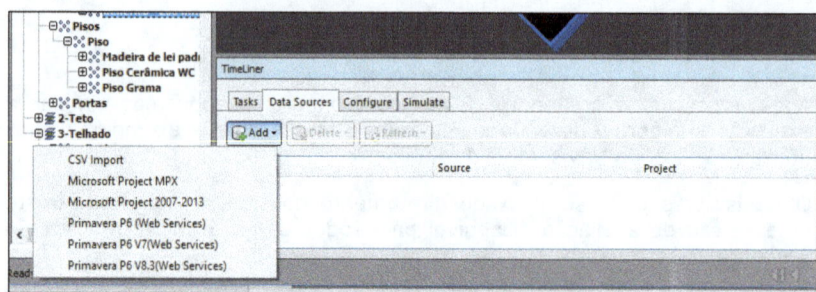

16.4 – Guia Data Sources da Tela TimerLiner do Navisworks

Selecione a opção Microsoft Project 2007-2013 (o NavisWorks também é compatível com a versão 2016). Quando a tela abaixo aparecer, clique em OK. Esta tela também permite a importação de campos personalizados, o que será útil caso os cronogramas importados possuam esses campos.

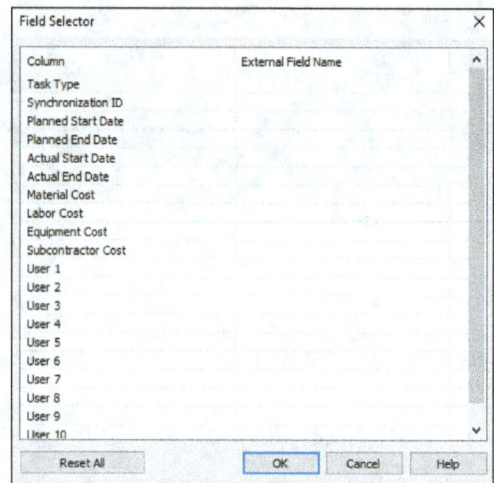

16.5 –Tela Field Selector durante importação do cronograma no Navisworks

Concluída a importação, devemos executar o comando "Refresh / All Data Source", como mostrado a seguir.

Elaboração e controle de Cronogramas

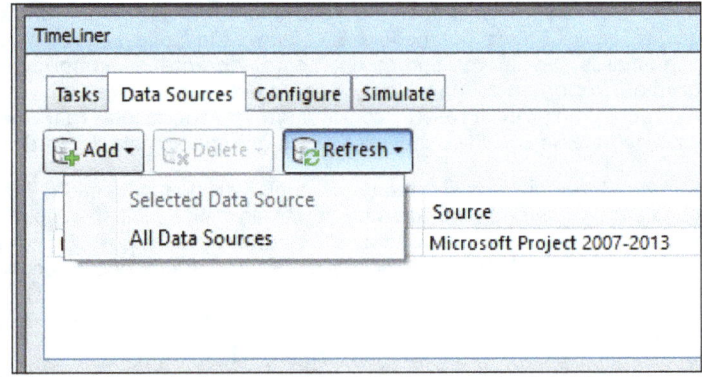

16.6 – Opção de Refresh na Guia Data Sources da Tela TimerLiner do Navisworks

Quando aparecer a tela abaixo, selecione a opção de "Rebuild". Esta ação deve ser executada apenas uma vez; durante a execução do projeto, você deve sempre optar pela função "Synchonize" para não perder as informações construídas do relacionamento do cronograma com o modelo 3D (veremos a seguir).

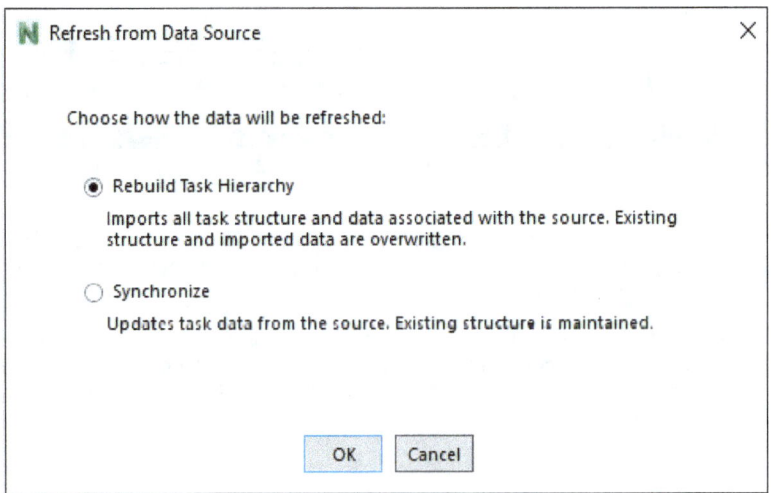

16.7 – Opções de Refresh na Guia Data Sources da Tela TimerLiner do Navisworks

Elaboração e controle de Cronogramas

O próximo passo será a criação do relacionamento entre as tarefas do cronograma e os objetos do modelo 3D. Esta ação pode ser realizada de várias maneiras, inclusive automaticamente durante a importação do cronograma. No entanto, para isso, você deve ter configurado campos personalizados no MS Project com valores específicos (parâmetros) presentes no modelo 3D. Esse processo exige um pouco mais de prática.

No exemplo, faremos isso de modo manual, selecionando cada linha do cronograma e, em seguida, clicando no objeto do modelo 3D correspondente à tarefa, como vemos abaixo. Depois de selecionados, clique com o botão direito do mouse na linha do cronograma e escolha a opção de "Atach Current Selection".

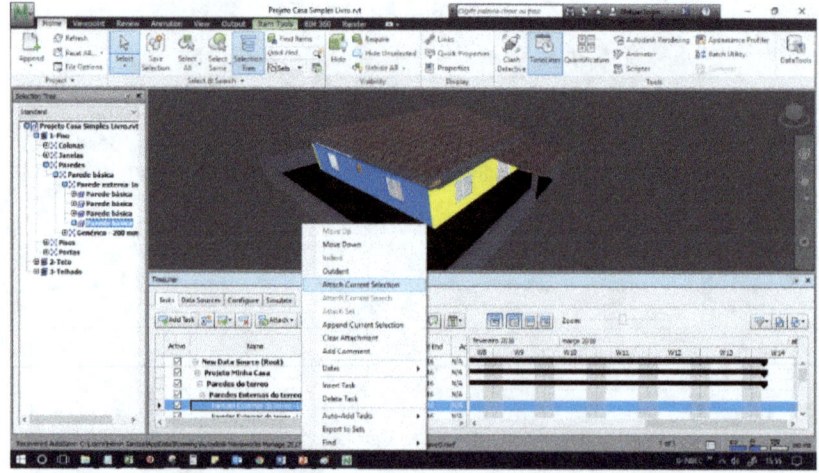

16.8 – Associação de uma tarefa do cronograma a um objeto do modelo 3D

Devemos fazer isso para todos os objetos do modelo 3D. Podemos ter mais de um objeto relacionado a uma tarefa, mas nunca duas tarefas relacionadas a um único objeto.

Durante a criação dos "Attaches", informe a que tipo de ação corresponde a linha do cronograma, podendo escolher entre uma construção, demolição ou estrutura temporária. Essa escolha é feita na coluna de "Task Type", presente no TimeLiner.

Elaboração e controle de Cronogramas

16.9 – Guia Task do TimerLiner, durante associação das tarefas ao modelo 3D.

Após a realização de todos os relacionamentos, podemos visualizar a execução da obra no tempo de acordo com o cronograma. Para isso, selecione a guia "Simulate" no Timeliner.

14.10 – Guia Simulate do TimerLiner

O exemplo apresentado mostra apenas uma pequena parte do que se denomina BIM-4D. Outros recursos e funcionalidades podem ser utilizados, inclusive durante a execução do projeto. Por exemplo, é possível mostrar em cores diferentes o que está atrasado, adiantado ou no prazo. Também é possível visualizar o caminho crítico do projeto no modelo 3D.

REFERÊNCIAS

Junior, Laercio Avileis, et al. "Procedimento para determinar a maturidade em gestão de projetos baseado na norma NBR ISO 21500: 2012." Revista Gestão da Produção Operações e Sistemas 13.3 (2018): 56-56.

LCI (Lean Construction Institute). The Last Planner Production System Workbook: Improving reliability in planning and workflow. University of California, Berkley: 2007.

FOSSE, R. and BALLARD, G. Lean Design Management with the Last Planner System In: Proc. 24th Ann. Conf. of the Int'l. Group for Lean Construction, Boston, MA, USA, v. 4, p. 33-42, 2016. Disponível em: . Acesso em: 23 de fev. de 2023.

Vargas, RV e Moreira, FF (2015). Otimização de agendamento com linha de equilíbrio e relações início-chegada / Ricardo Viana Vargas, Felipe Fernandes Moreira. Artigo apresentado no PMI® Global Congress 2015—EMEA, Londres, Inglaterra. Newtown Square, PA: Instituto de gerenciamento de projetos.

Practice Standard for Scheduling, Project Management Institute, Inc.; 2007.

DA SILVA, Paula Heloisa; CRIPPA, Julianna; SCHEER, Sérgio. BIM 4D no planejamento de obras: detalhamento, benefícios e dificuldades. PARC Pesquisa em Arquitetura e Construção , v. e019010-e019010, 2019.

VARGAS, Ricardo Viana. Guia prático para planejamento de projetos . publicações auerbach, 2007.

KOSKELA, L. Management of Production in Construction: a theoretical view. In: ANNUAL CONFERENCE ON Lean CONSTRUCTION, 7., 1999, Berkeley, EUA, Proceedings... Berkeley: IGLC, 1999.

BALLARD, G. The Last Planner System of Production Control. 2000. Thesis (Doctor of Philosophy) – School of Civil Enginnering, Faculty of Engineering. University of Birmingham, Birmingham.

BERTELSEN, S. Complexity: construction in a new prepective. In: ANNUAL CONFERENCE ON Lean CONSTRUCTION, 11., 2003, Blacksburg, EUA. Proceedings... Blacksburg: IGLC, 2003.

BERNARDES, M. M. S. Desenvolvimento de um modelo de planejamento e controle da produção para micro e pequenas empresas de construção. 2001. 282f. Tese (Doutorado em Engenharia) – Programa de Pós Graduação em Engenharia Civil, Universidade Federal do Rio Grande do Sul. Porto Alegre, 2001.

Elaboração e controle de Cronogramas

SANTOS, Heron Fábio. Método para implantação do Lean Design em escritórios de projetos de edifícios . 2022. Dissertação de Mestrado. Universidade Federal de Pernambuco.

SOBRE O AUTOR

Engenheiro Civil e Mestre em Arquitetura e Urbanismo pela Universidade Federal de Pernambuco. Possui especialização em Gerenciamento de Projetos pela Gama Filho (RJ), certificação em Gerenciamento de Projetos pelo Project Management Institute (PMP, PMI-SP) e é reconhecido especialista em gerenciamento de projetos com MS Project pela Microsoft (MCTS).

Trabalhou como gerente de Informática em diversas organizações e atuou como Engenheiro de Planejamento, Coordenador e Gerente de Planejamento em diversas áreas de engenharia, incluindo a área naval, construção pesada (refinaria), construção civil e obras de infraestrutura.

Há mais de 25 anos, dedica-se a atividades relacionadas a gerenciamento de projetos. Ministra cursos e palestras sobre gerenciamento de projetos e práticas de construção de cronogramas utilizando MS Project, Primavera P6 e análise de riscos. É Coordenador e Professor de cursos de MBA para engenharia e foi Diretor de Educação Continuada do Chapter PMI-PE, atuando atualmente como voluntário.

Para contato, sugestões e críticas sobre este material, envie um e-mail para contato@heronsantos.com.br.

www.ingramcontent.com/pod-product-compliance
Lightning Source LLC
Chambersburg PA
CBHW071935210526
45479CB00002B/693